essentials

essentials liefern aktuelles Wissen in konzentrierter Form. Die Essenz dessen, worauf es als „State-of-the-Art" in der gegenwärtigen Fachdiskussion oder in der Praxis ankommt. *essentials* informieren schnell, unkompliziert und verständlich

- als Einführung in ein aktuelles Thema aus Ihrem Fachgebiet
- als Einstieg in ein für Sie noch unbekanntes Themenfeld
- als Einblick, um zum Thema mitreden zu können

Die Bücher in elektronischer und gedruckter Form bringen das Fachwissen von Springerautor*innen kompakt zur Darstellung. Sie sind besonders für die Nutzung als eBook auf Tablet-PCs, eBook-Readern und Smartphones geeignet. *essentials* sind Wissensbausteine aus den Wirtschafts-, Sozial- und Geisteswissenschaften, aus Technik und Naturwissenschaften sowie aus Medizin, Psychologie und Gesundheitsberufen. Von renommierten Autor*innen aller Springer-Verlagsmarken.

Claus Grupen · Marcus Niechciol

Der Mars: Unsere neue Heimat?

Claus Grupen
Department Physik
Universität Siegen
Siegen, Deutschland

Marcus Niechciol
Department Physik
Universität Siegen
Siegen, Deutschland

ISSN 2197-6708   ISSN 2197-6716   (electronic)
essentials
ISBN 978-3-662-65824-6   ISBN 978-3-662-65825-3   (eBook)
https://doi.org/10.1007/978-3-662-65825-3

Die Deutsche Nationalbibliothek verzeichnet diese Publikation in der Deutschen Nationalbibliografie; detaillierte bibliografische Daten sind im Internet über http://dnb.d-nb.de abrufbar.

Planung/Lektorat: Lisa Edelhäuser
Springer Spektrum ist ein Imprint der eingetragenen Gesellschaft Springer-Verlag GmbH, DE und ist ein Teil von Springer Nature.
Die Anschrift der Gesellschaft ist: Heidelberger Platz 3, 14197 Berlin, Germany

Was Sie in diesem *essential* finden können

- Sie erfahren, warum die Menschheit den Mars als nächstes Ziel nach dem Mond auserkoren hat – obwohl er unwirtlich, kalt, öd und leer ist und vermutlich ohne jedes Leben.
- Sie erhalten einen Überblick über die technischen Herausforderungen bei der Erkundung des Mars, nicht nur mit Raketen und Satelliten, sondern auch mit Robotern, die auf seiner Oberfläche landen können, um dort herumzufahren.
- Sie lernen, was das Hauptproblem bei längeren Aufenthalten auf dem Mars ist: Die Strahlenbelastung durch kosmische Strahlung und insbesondere durch solare Ausbrüche auf dem Mars ist viel höher als auf der Erde und stellt damit eine ernsthafte Gefährdung für die Astronauten dar.
- Sie erfahren, wie schwierig eine dauerhafte Besiedlung des Mars werden wird, insbesondere welche Probleme es bei der Rückkehr von Astronauten gibt, die sich biologisch an die Marsverhältnisse angepasst haben.

Vorwort

Stephen Hawking war davon überzeugt, dass wir innerhalb der nächsten sechs Jahrhunderte die Erde verlassen müssen. Wegen der dramatischen Klimaveränderung, der Überbevölkerung, der nuklearen und sonstigen Bedrohungen und letztlich wegen der Unvernunft der Menschen, werde die Erde spätestens dann nicht mehr bewohnbar sein. Das mag pessimistisch erscheinen, aber gerade die Klimakrise zwingt uns, über Alternativen nachzudenken. Schon jetzt gibt es ausgedehnte Landstriche, die wegen der großen Hitze kaum noch bewohnbar sind. Man mag sich gar nicht vorstellen, welche Völkerwanderungen bevorstehen, wenn, wie viele Klimamodelle vorhersagen, beträchtliche Bereiche nördlich und südlich des Äquators vollständig unbewohnbar werden. Doch wo können die Menschen hin? Der uns am nächsten liegende Planet, der Mars, ist bei günstiger Konstellation „nur" 55 Mio. km entfernt. Eine Reise dorthin dauert lang, ist mühsam und gefährlich. Bei eisig kalten Temperaturen, ohne rechte Luft zum Atmen, bei äußerst geringer Gravitation und dem ständigen Bombardement ionisierender Strahlung ausgesetzt, wird es für den Menschen in seinem jetzigen biologischen Zustand schwer sein, dort zu leben. Dennoch sind wir dabei, den Mars zu erkunden und auf eine mögliche Besiedlung durch den Menschen hin zu untersuchen. Eine Vielzahl von Sonden, Landern und Rovern bereitet den Boden für zukünftige, bemannte Marsmissionen. Ob der Mensch, nach Millionen von Jahren perfekt an die Bedingungen auf der Erde angepasst, allerdings überhaupt für ein dauerhaftes Leben auf dem Mars geeignet ist, wird man noch sehen. Oder wäre es, provokant gefragt, nicht doch besser, das viele Geld, das derzeit in die Raumfahrt gesteckt wird, in die Verbesserung und Erhaltung der Lebensbedingungen auf der Erde zu investieren, damit wir sie gar nicht erst verlassen müssen? In diesem *essential* finden Sie einige Gedanken und Ausführungen zu den vielfältigen Herausforderungen, denen sich zukünftige Marsbewohner stellen müssen.

Siegen   Claus Grupen

Juni 2022   Marcus Niechciol

Danksagung

Wir bedanken uns herzlich bei Dr. Rebecca Klein (Siegen) für das sorgfältige Lesen des Textes. Ebenfalls bedanken wir uns bei Prof. Dr. Robert Wimmer-Schweingruber (Christian-Albrechts-Universität zu Kiel) für das Bereitstellen der in Abb. 3.2 gezeigten Daten. Daneben sind wir Prof. Abel Méndez (University of Puerto Rico at Arecibo) dankbar für die Genehmigung, Abb. 5.1 aufnehmen zu dürfen. Nicht zuletzt bedanken wir uns auch bei unseren Ansprechpartnerinnen bei Springer Spektrum – Dr. Lisa Edelhäuser, Margit Maly und Geetha Muthu Raman – für die angenehme Zusammenarbeit.

Inhaltsverzeichnis

Was wissen wir bereits über den Mars?

„Mars is there, waiting to be reached."
Edwin „Buzz" Aldrin

Der Mars ist der vierte Planet unseres Sonnensystems, vom Zentrum aus gezählt. Üblicherweise wird er zu den inneren, erdähnlichen Planeten gerechnet. Seine nächsten Nachbarn sind die Erde auf der einen Seite und der Jupiter – der bereits zu den äußeren Planeten gehört – auf der anderen, wobei zwischen Mars und Jupiter noch ein Gürtel aus Asteroiden liegt. Genau wie die Erde umkreist der Mars die Sonne auf einer elliptischen Umlaufbahn, die beide ungefähr in derselben Ebene liegen, der sogenannten protoplanetaren Scheibe (siehe Abb. 1.1). Für einen Umlauf um die Sonne benötigt der Mars allerdings mit 687 Tagen fast zwei Erdenjahre. Der Abstand zur Sonne beträgt im Perihel, dem Punkt des minimalen Abstands, etwa 207 Mio. km, und im Aphel, dem Punkt des maximalen Abstands, etwa 249 Mio. km. Für uns ist aber im Kontext einer Besiedlung des Mars von der Erde aus sicherlich der Abstand zwischen diesen beiden Himmelskörpern wichtiger: Dieser beträgt im Punkt der größten Annäherung gerade einmal 55 Mio. km. Da sich Mars und Erde aber mit unterschiedlichen Geschwindigkeiten auf zwei verschiedenen Bahnen um die Sonne bewegen, wird dieser Abstand nur einmal alle 16 Jahre erreicht. Dies setzt eine gute Planung der Mars-Missionen voraus, will man keine unnötigen Wege zurücklegen, denn zu allen anderen Zeiten ist der Abstand größer: Im ungünstigsten Fall bis zu 401 Mio. km.

Der Mars selbst ist mit einem Durchmesser von 6792 km, gemessen am Äquator, deutlich kleiner als die Erde, deren Durchmesser fast doppelt so groß ist. Gleichzeitig ist die mittlere Dichte des Mars mit knapp 3900 kg pro Kubikmeter deutlich kleiner als die mittlere Dichte der Erde (5500 kg pro Kubikmeter). Beides zusammen führt dazu, dass die Gesamtmasse des Mars ($6 \cdot 10^{20}$ t) gerade einmal ein Zehntel der Erdmasse beträgt. Diese kleinere Masse hat zur Folge, dass die

C. Grupen und M. Niechciol, *Der Mars: Unsere neue Heimat?*, essentials, https://doi.org/10.1007/978-3-662-65825-3_1

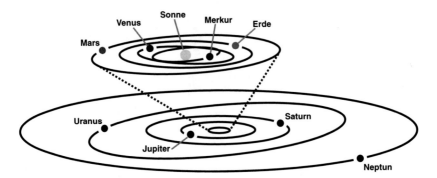

Abb. 1.1 Schematische Darstellung der Umlaufbahnen der Planeten unseres Sonnensystems. Die Umlaufbahnen der inneren, erdähnlichen Planeten Merkur, Venus, Erde (blau) und Mars (rot) um die Sonne (gelb) sind zur besseren Sichtbarkeit vergrößert dargestellt. Zu erkennen ist, dass alle Umlaufbahnen näherungsweise in einer Ebene, der protoplanetaren Scheibe, liegen. Die Größen der einzelnen Himmelskörper sind nicht maßstabsgetreu dargestellt, die Größen der Umlaufbahnen hingegen schon

Gravitationskraft auf der Marsoberfläche ebenfalls kleiner ist als an der Erdoberfläche, und das obwohl man näher am Zentrum des Planeten ist. Die Fallbeschleunigung auf der Marsoberfläche beträgt lediglich $3,69\,\text{m/s}^2$ statt der bekannten $9,81\,\text{m/s}^2$ auf der Erde (in Mitteleuropa). Auf dem Mars lassen sich also schon größere Sprünge machen als auf der Erde, allerdings nicht so große wie auf dem Mond. Apropos Mond: Der Mars besitzt gleich zwei, nämlich Phobos und Deimos (griechisch für „Furcht" und „Schrecken"). Trotz der etwas angsteinflößenden Namen handelt es sich bei den beiden Monden um vergleichweise kleine Felsbrocken. Phobos ist mit einer Ausdehnung von etwa 20 km der größere der beiden Monde. Er umkreist den Mars auf einer Umlaufbahn mit einem Radius von knapp 9400 km, also nur 6000 km über der Marsoberfläche. Deimos ist nur halb so groß, der mittlere Radius seiner Umlaufbahn beträgt etwa 23.500 km. Zum Vergleich: Die Mondumlaufbahn um die Erde besitzt einen Radius von mehr als 380.000 km.

Eine weitere Konsequenz der niedrigen Anziehungskraft ist, dass die Atmosphäre des Mars vergleichsweise dünn ist. Der Luftdruck auf der Marsoberfläche beträgt im Mittel gerade einmal 6 Hektopascal – auf der Erde hingegen rund 1000. Auch die Zusammensetzung der Marsatmosphäre unterscheidet sich deutlich von der der Erde. Während auf der Erde Stickstoff und Sauerstoff dominieren mit Prozentanteilen von $78,1\,\%$ beziehungsweise $21,0\,\%$, besteht die Atmosphäre des Mars zum überwiegenden Teil ($95,1\,\%$) aus Kohlenstoffdioxid (CO_2). Sauerstoff, den der Mensch zum Atmen braucht, macht gerade einmal $0,2\,\%$ der Marsatmosphäre aus. Auch ansonsten ist die Marsoberfläche ein eher lebensfeindlicher Ort. Im Mittel beträgt die Temperatur $-63\,°C$, mit durchschnittlichen täglichen Temperaturschwankungen zwischen $-89\,°C$ und $-31\,°C$. Hier macht sich der größere Abstand zur Sonne bemerkbar, denn die Strahlung von der Sonne reicht zwar noch aus, um für einen Tag- und Nachtzyklus zu sorgen, nicht jedoch um die Marsoberfläche auf für den Menschen erträgliche Temperaturen aufzuwärmen. Immerhin ist ein Tag auf dem Mars nur wenig länger als ein Erdentag, nämlich 24 h und 40 min. So wird zumindest der zirkadianische Rhythmus der Raumfahrer nicht noch zusätzlich aus dem Tritt gebracht.

Die innere Struktur des Mars ist der der Erde nicht unähnlich. Seismische Messungen während Marsbeben ergaben, dass der Mars genau wie die Erde einen Schalenaufbau besitzt, bestehend aus einer verhältnismäßig dünnen Kruste, einem Gesteinsmantel und einem flüssigen Kern. Der Marskern besitzt dabei einen Radius von knapp 1700 km und besteht vorwiegend aus Eisen. Da es jedoch im flüssigen Kern keine Konvektionsströme gibt (so wie im Erdkern), besitzt der Mars kein globales Magnetfeld, sondern allenfalls noch lokale, schwache Magnetfelder. Dieses fehlende Magnetfeld wird – ebenso wie die dünne Atmosphäre – in Kap. 3 eine Rolle spielen, wenn wir die Strahlenbelastung für einen potentiellen Marsbewohner untersuchen. Die Marskruste ist im Mittel rund 50 km dick und besteht vorwiegend aus basaltähnlichem Gestein und aus, vermutlich aus dem Mantel aufgestiegenen, quarzreichen Tiefengesteinen. Eisenhaltigen, vulkanischen Basalten, oder genauer dem daraus entstandenen Eisenoxid-Staub, verdankt der Mars auch seinen Beinamen „roter Planet", in Abgrenzung zum „blauen Planeten" Erde (auch wenn der Mars eher rostbraun als leuchtend rot gefärbt ist, siehe Abb. 1.2). Die Beinamen der beiden Planeten deuten aber auch auf den vielleicht größten und für eine Besiedlung wichtigsten Unterschied hin: Auf der Marsoberfläche gibt es nämlich kein flüssiges Wasser. Im Gegensatz zur weitgehend von Ozeanen bedeckten Erde ist die Marsoberfläche trocken und staubig und von Geröll und Gestein überzogen (siehe Abb. 1.3). Diverse Marssonden haben jedoch gewaltige Eisvorkommen, bestehend aus gefrorenem Kohlendioxid und Wassereis, an den Polen entdeckt. Unter diesen Eisschichten wurden sogar Hinweise auf unterirdische Seen mit flüssigem Wasser gefunden, die man anzapfen könnte. Der chinesische Mars-Rover *Zhurong* hat auch schon Mineralien gefunden, die Wasser enthalten. Bisher war man davon ausgegangen, dass es zwar ursprünglich Wasser auf dem Mars gab, dieses jedoch vor rund 3 Mrd. Jahren verschwunden ist. Hydratisierte Minerale, in denen Wasser gebunden ist, entstehen nur dann, wenn flüssiges Wasser vorkommt. Eine Analyse der von *Zhurong* gefundenen hydratisierten Minerale datierte sie auf ein Alter von 700 Mio. Jahren, was der Hypothese, dass der Mars schon vor 3 Mrd. Jahren „trockengelegt" wurde, widerspricht. Die Landestelle von *Zhurong* könnte

Abb. 1.2 Der Mars in einer (am Computer zusammengesetzten) Aufnahme der Raumsonde Mars Global Surveyor aus dem April 1999. Zu erkennen sind einerseits tiefe Canyons auf der Marsoberfläche andererseits aber auch bläulich-weiße Eis-Wolken in der Atmosphäre. (Bildnachweis: NASA/JPL/MSSS)

daher für eine zukünftige Marsbesiedlung eine wichtige Rolle spielen, wenn das jetzt gefundene „junge" Wasser aus dem Mars-Grundwasser oder aus geschmolzenem Eis stammen würde.

Noch ein Wort zur Struktur der Marskruste: Wie wir wissen, besteht die äußerste Hülle der Erde aus einer Vielzahl von sich gegeneinander bewegenden und teils über- bzw. untereinander schiebenden Platten. Eine Folge dieser Plattentektonik ist eine starke Erdbebenaktivität an den Plattengrenzen, an denen sich mitunter auch

Abb. 1.3 Die Marsoberfläche fotografiert vom Mars-Rover *Perserverance* (März 2022). Der Rover befand sich während der Aufnahme im Jezero-Krater, der etwa 50 m hohe Hügel im Hintergrund wurde Santa Cruz getauft. Die Felsbrocken im Vordergrund sind typisch für diesen Bereich der Marsoberfläche und sind im Mittel 50 cm groß. Die Farben wurden nachträglich etwas bearbeitet, so dass der „rote Planet" hier fast schon bläulich erscheint. (Bildnachweis: NASA/JPL-Caltech/ASU/MSSS)

hohe Gebirge auftürmen können (etwa der Himalaya). Der Mars hingegen besteht aus einer einzigen zusammenhängenden Schale, es gibt keine Plattentektonik. Dennoch gibt es auch auf dem Mars seismische Aktivität (wenn sich Spannungen im Marsinneren aufgrund von Temperaturunterschieden zwischen dem Marskern und der Oberfläche schlagartig „entladen") und auch hohe Berge. Der höchste von ihnen ist der Vulkan Olympus Mons – benannt nach dem Göttersitz in der griechischen Mythologie. Er erhebt sich ganze 26 km über die ihn umgebende Tiefebene und ist damit fast dreimal so hoch wie der Mount Everest im Himalaya. Damit ist der Olympus Mons nicht nur der höchste Berg auf dem Mars, sondern auch der höchste Berg im ganzen Sonnensystem!

Woher wissen wir aber nun all das über den Mars obwohl bisher noch kein Mensch seinen Fuß auf die Marsoberfläche gesetzt hat? Zunächst einmal durch astronomische Beobachtungen, denn der Mars ist am Nachthimmel auch mit bloßem Auge erkennbar. Er strahlt sogar heller als viele Fixsterne. Eines der ältesten Zeugnisse astromischer Marsbeobachtungen findet sich in der Grabkammer des altägyptischen Beamten Senenmut, die auf das Jahr 1463 v. Chr. datiert werden konnte. Auch griechische Astronomen beobachteten die Himmelskörper, die sie *planētēs* nannten, die „Wanderer", die vor dem unbeweglich erscheinenden Hintergrund aus Fixsternen über den Nachthimmel ziehen. Doch vor allem die schleifenartigen Bewegungen des Mars gaben den antiken Astronomen Rätsel auf, waren sie doch in einem geozentrischen Weltbild, bei dem sich alle Himmelskörper um die Erde bewegen, nur schwerlich zu erklären. Erst das von Nikolaus Kopernikus entwickelte – und später von Johannes Kepler präzisierte und in Form der drei Keplerschen Gesetze formulierte – heliozentrische Weltbild, bei dem nicht mehr die Erde, sondern die Sonne im Mittelpunkt der Planetenbahnen steht, brachte die Lösung: Die scheinbare Schleifenbewegung des Mars am Nachthimmel entsteht genau dann, wenn die Erde den Mars auf ihrer weiter innen liegenden Umlaufbahn „überholt". Lange Zeit war jedoch über den Mars außer seiner Position am Nachthimmel nichts bekannt, da er zwar für das bloße Auge sichtbar war, jedoch zu klein um genauere Strukturen zu erfassen. Das änderte sich erst mit der Entwicklung optischer Teleskope zu Beginn des 17. Jahrhunderts. Galileo Galilei war einer der ersten, die ihre Teleskope auf den Mars richteten. Seine ersten dokumentierten Beobachtungen datieren auf das Jahr 1610. Mit der Entwicklung immer leistungsfähigerer Teleskope konnte der Mars immer genauer kartiert werden. Über spektrografische Analysen ließen sich sogar Aussagen über die Marsatmosphäre treffen. Nichtsdestotrotz blieben es immer nur Beobachtungen aus weiter Entfernung. Dies änderte sich schlagartig, als die Menschheit Mitte des 20. Jahrhunderts in den Weltraum vorstieß. Die ersten Nahaufnahmen der Marsoberfläche lieferte die Raumsonde *Mariner 4* der NASA, die im Juli 1965 planmäßig am Mars vorbeiflog und dabei 22 Fotos der Marsoberfläche aufnehmen konnte. Sechs Jahre später gelang es mit der Mission *Mariner 9* das erste Mal, einen Satelliten in eine Marsumlaufbahn zu bringen, mit dem die gesamte Marsoberfläche kartografiert werden konnte. Die erste Landung auf der Marsoberfläche erfolgte schließlich im Jahr 1976, durch die NASA-Missionen *Viking 1* und *2*. Die beiden Lander lieferten zum ersten Mal hoch aufgelöste Bilder direkt von der Marsoberfläche und waren zudem mit Instrumenten zur direkten Untersuchung von Bodenproben und der Marsatmosphäre ausgestattet. Im Jahr 1996 startete dann die erste der wohl bekanntesten Marsmissionen der NASA, der *Mars Pathfinder*, der den ersten Mars-Rover *Sojourner* auf die Marsoberfläche brachte. Nun war es möglich, nicht nur Aufnahmen der direkten Umgebung des Landeplatzes zur Erde zu senden, sondern umherzufahren und die weitere Umgebung zu erkunden. Dem ersten Mars-Rover folgten eine Reihe weiterer: *Spirit, Opportunity, Curiosity, Zhurong* und der neueste Rover *Perseverance* (Abb. 1.4), der mit *Ingenuity* sogar einen kleinen Helikopter an Bord hat, der die Marsatmosphäre erkunden soll. Nach allem was wir derzeit wissen ist der Mars daher im Moment der einzige Planet, der ausschließlich von Robotern bewohnt wird. Auch im Orbit um den Mars herum tummeln sich mittlerweile eine ganze Reihe von Satelliten, nicht nur von der NASA, sondern auch aus Europa, Indien, China, Russland und sogar den Vereinigten Arabischen Emiraten.

Abb. 1.4 Oben: Ein „Selfie" des *Perseverance*-Rovers auf der Marsoberfläche, aufgenommen im September 2021 mit einer der hochauflösenden Kameras, die der Rover neben einer ganzen Reihe von Messinstrumenten an Bord hat. Der Rover ist übrigens größer als viele denken, mit einer Länge von knapp drei Metern. **Unten:** Der Mars-Helikopter *Ingenuity*, fotografiert vom *Perseverance*-Rover im April 2021. Die Propeller haben eine Länge von jeweils etwa 60 cm, insgesamt wiegt der Helikopter aber weniger als zwei Kilogramm. (Bildnachweise: NASA/JPL-Caltech/MSSS (oben), NASA/JPL-Caltech/ASU (unten))

Zuletzt ein kurzer Exkurs zur Namensgebung: Wie die anderen Planeten des Sonnensystems – mit Ausnahme der Erde – ist auch der Mars nach einer Gottheit aus der römischen Mythologie benannt, nämlich dem Kriegsgott *Mars,* wohl wegen seiner roten Farbe, die manche an das auf den Schlachtfeldern vergossene Blut erinnern mag. Natürlich ist das nicht der einzige Name, den die Menschen diesem Himmelskörper in der Geschichte gegeben haben. Interessanterweise beziehen sich viele dieser Namen auf die jeweiligen Kriegsgötter: Die Griechen nannten den Mars (und nennen ihn immer noch) *Ares,* mit dem die Römer ihre eigene Gottheit später identifiziert haben (auch wenn der römische *Mars* als etwas weniger blutrünstig als der griechische *Ares* angesehen wurde und auch einen anderen Grad der Verehrung erreichte). In Nordeuropa wurde der Mars als *Tyr* bezeichnet, in Babylon als *Nergal*. Andere Namen sind etwas weniger kriegerisch: Im Inka-Reich war der Mars als *Auqakuh* bekannt, „der Purpurne". Arabische Astronomen tauften ihn *al-Qāhir*, „der Siegreiche". Verloren gegangen sind all diese Namen übrigens nicht, denn Canyons, ausgetrocknete Flussläufe und andere Strukturen auf der Marsoberfläche tragen heute alte Marsbezeichnungen aus den verschiedensten Sprachen und Kulturen.

Wie erreichen wir den Mars?

2

*„Es ist leichter, zum Mars vorzudringen, als zu sich
selbst."*

Carl Gustav Jung.

In diesem Kapitel wollen wir uns mit der Frage beschäftigen, wie wir überhaupt zum
Mars kommen können. Diese Frage steht immer am Anfang, egal ob es sich nur um
eine kurze „Wochenendreise" zum Mars handelt oder um eine langfristige, vielleicht
dauerhafte Besiedlung des roten Planeten. Im vorigen Kapitel wurde bereits erwähnt,
dass die kürzeste Entfernung zwischen Erde und Mars, bei günstiger Konstellation
der beiden Planeten, 55 Mio. km beträgt. Könnte man sich in einem Raumschiff mit
der physikalisch maximal möglichen Geschwindigkeit, der Lichtgeschwindigkeit
(ca. 300.000 km/s), bewegen, so könnte man die Strecke zum Mars in knapp drei
Minuten zurücklegen – auf kosmischen Skalen also quasi instantan. Leider ist die
Technik noch nicht so weit. Antriebe, die Endgeschwindigkeiten auch nur in der
Nähe der Lichtgeschwindigkeit erreichen, existieren noch nicht (und werden wohl
auch in näherer Zukunft nicht existieren).

Realistischere Flugdauern zum Mars liegen daher eher im Bereich von 200 bis
300 Tagen. Die erste erfolgreiche Marssonde, *Mariner* 4, startete am 28. November 1964 vom amerikanischen Weltraumbahnhof Cape Canaveral und erreichte den
Mars am 15. Juli 1965, also 229 Tage später. *Viking 1* und 2 benötigten 304 bzw.
333 Tage, der neueste Mars-Rover *Perseverance* war dagegen nur 203 Tage unterwegs. Zum Vergleich: Die *Apollo-11*-Astronauten brauchten nur knapp 100 h vom
Start bis zur Landung auf der Mondoberfläche. Die unterschiedlichen Flugdauern der verschiedenen Marsmissionen resultieren unter anderem aus einer Abwägung zwischen der Flugdauer und dem nötigen Energieaufwand, der wiederum auch
von der Effizienz des Raketentriebwerks abhängt. Eine energetisch günstige Flugbahn, bei der man möglichst wenig Treibstoff für Manöver zur Richtungsänderung

C. Grupen und M. Niechciol, *Der Mars: Unsere neue Heimat?*, essentials,
https://doi.org/10.1007/978-3-662-65825-3_2

verbraucht, führt zum Beispiel zu längeren Flugdauern. Für die präzise Vorausberechnung einer Flugbahn muss man natürlich die unterschiedlichen Geschwindigkeiten der Erde und des Mars auf ihren jeweiligen Umlaufbahnen berücksichtigen, ebenso wie die Positionen der Himmelskörper zum Start und bei der Ankunft. Und nicht zuletzt muss auch der Einfluss der Sonne auf die Flugbahn einbezogen werden. Eine kurze Diskussion zur idealen Flugbahn zum Mars findet sich in Abschn. 2.3. Um eine energetisch günstige Flugbahn zu finden, ist man glücklicherweise nicht darauf angewiesen, dass der kürzeste Abstand zwischen Erde und Mars erreicht wird. Günstige Konstellationen treten im Mittel schon alle zwei Jahre auf. Das letzte Zeitfenster für eine energetisch günstige Reise zum Mars war im Juli 2020. Dieses wurde auch extensiv genutzt: Nicht nur der *Perseverance*-Rover startete zum Mars, sondern auch der arabische Mars-Satellit *al-Amal* und die chinesische Mission *Tianwen-1* mit dem *Zhurong*-Rover, die alle nahezu gleichzeitig innerhalb weniger Tage im Februar 2021 den Mars erreichten.

In die Abwägungen zur Flugbahn beziehungsweise zur Flugdauer gehen natürlich in nicht unerheblichem Maße auch die zu erwartenden Kosten ein, wobei nicht nur die Nutzlast kostet, sondern auch die Rakete selbst sowie der Treibstoff – und nicht zuletzt auch alles, was man auf dem Mars selbst benötigt und für einen Rückflug zurück zur Erde, denn auf dem Mars gibt es ja derzeit keinerlei Infrastruktur. Man schätzt, dass 1 kg etwa 80.000 US$ kostet. Eine auf 100 t ausgelegte Rakete würde daher einen Kostenaufwand von acht Milliarden Dollar erfordern – nicht unbedingt ein unerreichbarer Preis für die zahlreichen Multimilliardäre auf der Welt. Private Geldgeber sind mittlerweile bereit, große Teile ihres Vermögens in die Weltraumforschung zu investieren, und unterstützen damit die staatlichen Weltraumagenturen, vor allem die NASA. Die dadurch entstehende Konkurrenz ist ein echter Gewinn und führt zu vielfältigen Synergien in dem ehrgeizigen Projekt, unseren Nachbarplaneten zu besiedeln. Besonders Elon Musk, der nicht immer unumstrittene reichste Mensch der Welt (Stand März 2022), hat sich dabei mit seiner Firma SpaceX hervorgetan. In Musks Vorstellung soll es schon im Jahr 2030 die erste bemannte Marsmission gegeben haben (siehe dazu auch Kap. 4), wobei er bis dahin die Flugdauer mit leistungsfähigeren Raketen auf 80 Tage verkürzt haben will. Ganz der Geschäftsmann plant er sogar, Tickets für Marsflüge zu verkaufen, zum Preis von 500.000 US$ oder sogar noch weniger – geradezu ein Schnäppchen im Vergleich zu den 55 Mio. US$, die pro Person für den ersten privaten Flug zur Internationalen Raumstation ISS im April 2022 fällig waren.

2.1 Raketengleichung

Die Raketengleichung bildet im gewissen Sinne die Basis der modernen Raumfahrt, denn sie gibt für eine „konventionelle" Rakete – die durch den konstanten Ausstoß von Materie beschleunigt wird – die maximal erreichbare Geschwindigkeit an unter Berücksichtigung der Massen von Rakete und Treibstoff. Die erste belegte Herleitung dieser Gleichung durch den britischen Mathematiker William Moore datiert übrigens auf das Jahr 1810 – lange bevor an Raumfahrt überhaupt zu denken war! In diesem Abschnitt wollen wir als kleine mathematisch-physikalische Fingerübung die Raketengleichung herleiten und diskutieren.

Betrachten wir zunächst den etwas idealisierten Fall einer Rakete in der Weite des Weltalls, auf die keinerlei Kräfte wirken. Die Gesamtmasse der Rakete bezeichnen wir mit m und ihre Geschwindigkeit mit v. Solange das Triebwerk ausgeschaltet ist, behält die Rakete ihre Geschwindigkeit bei gemäß des ersten Newtonschen Gesetzes. Nun wird das Triebwerk eingeschaltet. Es wird Treibstoff verbrannt, beziehungsweise ausgestoßen, und die Rakete wird durch die Schubkraft beschleunigt. Nach einer Zeit Δt beträgt die neue Geschwindigkeit $v + \Delta v$. Gleichzeitig nimmt die Masse der Rakete ab, da ja Treibstoff verbrannt wurde, die neue Gesamtmasse beträgt $m + \Delta m$ (das eigentlich hier auftauchende Minuszeichen wurde in das Δm hineingezogen). Der ausgestoßene Treibstoff hat dementsprechend die Masse $-\Delta m$ und wird mit einer Geschwindigkeit u relativ zu uns als unbewegtem Beobachter ausgestoßen. Betrachten wir nun den Impuls p des Gesamtsystems aus Rakete und ausgestoßenem Treibstoff zu Beginn (Index i für initial) und am Ende (Index f für final) des Zeitintervalls Δt, so erhalten wir

$$p_i = m \cdot v,$$

und

$$p_f = (m + \Delta m) \cdot (v + \Delta v) - \Delta m \cdot u.$$

Da das Gesamtsystem abgeschlossen ist (es wirken keine äußeren Kräfte auf die Rakete), sagt uns das physikalische Grundgesetz der Impulserhaltung, dass p_f gleich p_i sein muss, also

$$(m + \Delta m) \cdot (v + \Delta v) - \Delta m \cdot u = m \cdot v.$$

Typischerweise interessiert weniger die Geschwindigkeit des ausgestoßenen Treib-stoffs relativ zu einem unbewegten Beobachter, sondern vielmehr die (Ausstoß-)Ge-schwindigkeit relativ zur Rakete. Diese Geschwindigkeit, die wir mit v_A bezeichnen, steht in folgender Beziehung zu den übrigen Geschwindigkeiten:

$$u = v + \Delta v - v_A.$$

Dies können wir in die obige Gleichung einsetzen und erhalten nach einigem Umfor-men

$$\Delta v = -v_A \cdot \frac{\Delta m}{m}.$$

Im nächsten Schritt können wir das Zeitintervall Δt immer kleiner werden las-sen, bis es unendlich – „infinitesimal" – klein ist. Natürlich werden damit auch Δv und Δm infinitesimal klein. Wir schreiben dann dv und dm und bedienen uns der Integralrechnung um alle kleinen Geschwindigkeitsänderungen während des Schubmanövers aufzuaddieren. Hierbei müssen wir natürlich gleichzeitig alle klei-nen Masseänderungen durch den Treibstoffverbrauch berücksichtigen:

$$\int_{v_0}^{v_{End}} dv = -v_A \cdot \int_{m_0}^{m_{End}} \frac{dm}{m}.$$

Hier bezeichnen v_0 und m_0 die Geschwindigkeit und Masse der Rakete vor dem Schubmanöver, und v_{End} beziehungsweise m_{End} Geschwindigkeit und Masse der Rakete nachdem die Triebwerke wieder abgeschaltet wurden. Das Minuszeichen auf der rechten Seite der Gleichung lässt sich durch Vertauschen der Grenzen des Integrals eliminieren:

$$\int_{v_0}^{v_{End}} dv = v_A \cdot \int_{m_{End}}^{m_0} \frac{dm}{m}.$$

Nach der Integration und nach weiterem Umstellen erhält man

$$v_{End} = v_A \cdot \ln\left(\frac{m_0}{m_{End}}\right) + v_0,$$

wobei ln den natürlichen Logarithmus bezeichnet. Die obige Gleichung ist die gesuchte Raketengleichung, die man näherungsweise z. B. für die Geschwin-digkeitsänderung durch Schubmanöver bei Weltraummissionen verwenden kann. Nebenbei bemerkt erkennt man an dieser Gleichung auch, warum moderne Raketen mehrstufig aufgebaut sind: m_{End} kann nämlich reduziert werden, indem man die leeren Treibstofftanks (Stufen), die ja nur noch nutzloser Ballast sind, abstößt, was zu einer höheren Endgeschwindigkeit führt. Im Idealfall hat die Rakete am Zielort nur noch die Nutzlast an Bord. Sollte man im wie Fall einer Marsmission auch wieder zur Erde zurückkehren wollen, wäre das eher ungünstig. Die Raketengleichung lässt sich natürlich auch für den Fall eines Raketenstarts von der Erde aufstellen, bei dem man zusätzlich die Gravitationskraft, die die Erde auf die Rakete ausübt, berücksichtigen muss. Für die entsprechende Raketengleichung ergibt sich dann

$$v_{\text{End}} = v_A \cdot \ln \left(\frac{m_0}{m_{\text{End}}} \right) - g \cdot T + v_0,$$

mit der Fallbeschleunigung $g = 9{,}81 \, \text{m/s}^2$ und der Brenndauer T. Für eine noch genauere Betrachtung müsste man auch noch den Luftwiderstand der Rakete berücksichtigen, aber das würde an dieser Stelle zu weit führen.

Zum Ende dieses Abschnitts wollen wir die Raketengleichung noch an einem realen Beispiel zur Anwendung bringen. Die Ariane 5 (Abb. 2.1) ist die derzeit leistungsfähigste europäische Trägerrakete, die vor allem dazu genutzt wird, um Satelliten in eine Umlaufbahn um die Erde zu bringen. Sie brachte aber auch schon die *Rosetta*-Sonde der ESA auf den Weg, die auf ihrem Weg zum Kometen 67P/Tschurjumow-Gerassimenko den Mars passierte. Die maximale Nutzlast der Ariane 5 beträgt ewa 16 t. Beim Start bringt die Rakete eine Gesamtmasse von 777 t auf die Waage, wovon alleine 546 t auf die beiden Feststoffbooster entfallen. Die Feststoffbooster entwickeln beim Start (d. h. $v_0 = 0$) zusammen einen Gesamtschub von mehr als 10.000 kN, wobei die Austrittsgeschwindigkeit der ausgestoßenen Materie rund 2800 m/s beträgt. Nehmen wir vereinfachend an, dass in der ersten Phase nur die Feststoffbooster aktiv sind, so erhalten wir bei einer Brenndauer von 140 s eine Endgeschwindigkeit der ersten Phase von etwa 2 km/s. Die maximal erreichte Geschwindigkeit am Ende der letzten Stufe beträgt bei Satelliten, die es in eine Umlaufbahn zu bringen gilt, typischerweise 8 km/s. Für die *Rosetta*-Sonde waren aber sogar mehr als 10 km/s nötig, um dem Gravitationsfeld der Erde zu entfliehen.

Abb. 2.1 Eine Ariane-5-Rakete während des Starts vom europäischen Weltraumbahnhof Kourou in Französisch-Guayana am 10. Dezember 1999. In der Startphase wird die Rakete vor allem von den beiden Feststoffboostern angetrieben. (Bildnachweis: ESA/CNES/Arianespace-Service Optique CSG)

2.2 Antriebe für den Flug zum Mars

Der technische Fortschritt in der jüngeren Menschheitsgeschichte ist atemberaubend. In eindrücklicher Weise macht sich dieser Fortschritt auch in den typischen Reisegeschwindigkeiten bemerkbar. Eine Reise Goethes von Frankfurt nach Italien war beschwerlich und dauerte sicherlich länger als eine Woche, selbst wenn man auf längere Zwischenstopps verzichtete. Heute legen wir dieselbe Strecke mit dem Flugzeug in weniger als zwei Stunden zurück, ohne Zwischenstopp. Ebenso ist eine Atlantiküberquerung heutzutage im Flugzeug innerhalb von acht Stunden zu schaffen, während man früher mit dem Schiff mehrere Wochen brauchte – und dabei stets dem Risiko ausgesetzt war, dass das Schiff in Stürmen und Unwettern unterging. Es ist anzunehmen, dass der technische Fortschritt auch Reisen über die Erde hinaus in ähnlicher Weise effizienter und schneller werden lässt – auch wenn solche Reisen natürlich eine einzigartige Herausforderung darstellen.

Konventionelle Raketenantriebe, bei denen fester (zum Beispiel Ammoniumperchlorat mit verschiedenen Zusätzen) oder flüssiger Treibstoff (zum Beispiel flüssiger Sauerstoff und flüssiger Wasserstoff in Kombination) verbrannt und ausgestoßen wird, um die Rakete nach vorne zu bewegen, wurden bereits im letzten Abschnitt kurz angesprochen. Man kann davon ausgehen, dass solche Antriebe technisch noch nicht vollends ausgereizt sind. Natürlich gibt es eine Fülle weiterer Ideen, von denen die meisten recht hypothetisch sind (und manche sogar eher abstrus, wie die Idee den Rückstoß von Atombomben, die hinter einem Raumschiff gezündet werden, zum Antrieb zu verwenden). In diesem Abschnitt wollen wir kurz ein paar Ideen anreißen, die eher realistisch sind und bereits zur Anwendung kommen oder in nicht allzu ferner Zukunft zur Anwendung kommen könnten. Ob sich aber unter diesen Ideen die bahnbrechende Technik befindet, die für einen Durchbruch bei den Reisezeiten zum Mars sorgt, vermögen wir an dieser Stelle nicht zu sagen.

Hybridantriebe enthalten sowohl festen als auch flüssigen Treibstoff. In Frage kommen Treibstoffe auf der Basis von Kunststoff mit einem flüssigen Oxidator. Die flüssige Komponente kann kontrolliert zugeführt werden, wodurch das Triebwerk gesteuert werden kann. Im Prinzip sollten sich so Schübe erreichen lassen, die mit denen der oben angesprochenen konventionellen Triebwerke vergleichbar sind.

In Ionentriebwerken wird ein Plasma durch elektromagnetische Strahlung erzeugt. Die erzeugten positiven Ionen werden in einem elektrischen Feld beschleunigt und anschließend wieder neutralisiert und ausgestoßen. Diese Triebwerke erzeugen zwar keinen besonders großen Schub (und sind daher für Raketenstarts eher unbrauchbar), liefern aber eine konstante Beschleunigung über einen langen Zeitraum und sind daher gut geeignet für lange Flüge, etwa als Bahnkorrekturtriebwerk von Erdsatelliten.

Nukleare Antriebe beziehen ihre Energie aus nuklearen Prozessen. In Frage kommen dafür sowohl Kernspaltung als auch Kernfusion. Die jeweils freigesetzte Energie dient zur Beschleunigung der Rakete, indem ein Treibgas aufgeheizt wird, das dann als Antriebsmittel dient. Auf diese Weise erhält man besonders große Schübe, und damit hoffentlich am Ende auch kürzere Flugzeiten zum Mars. Bei den klassischen nuklearen Antrieben erreicht man allerdings nur Energieumwandlungs-Effizienzen von $0,1\,\%$ (Spaltreaktor) beziehungsweise $0,7\,\%$ (Fusionsreaktor). Das ist natürlich nicht vergleichbar mit einem Annihilationsantrieb, bei dem praktisch die gesamte Energie aus einem Teilchen-Antiteilchenpaar umgesetzt werden könnte – wenn man denn nur eine Möglichkeit hätte, auf kostengünstige Weise genügend Antiteilchen herzustellen und zu speichern.

2.3 Die ideale Flugbahn zum Mars

Die präzise Vorausberechnung der Flugbahn ist essentiell für jede Weltraummission. Die Flugbahn bestimmt unter anderem, wieviel Treibstoff die Rakete beim Start mitnehmen muss, mit welcher Geschwindigkeit die Nutzlast am Zielort ankommt, welche Manöver durchgeführt werden müssen, um eine Sonde auf die korrekte Umlaufbahn zu bringen oder auf der Planetenoberfläche landen zu lassen, und nicht zuletzt auch die Flugdauer. Doch die Berechnung ist schwieriger als man zunächst annehmen mag, denn man muss für die Bewegung der Raumsonde nicht nur die Erde (beziehungsweise den Mars) berücksichtigen, sondern auch die Sonne. Dieses sogenannte Dreikörperproblem der Himmelsmechanik ist analytisch nicht lösbar, wie schon Isaac Newton zerknirscht feststellen musste. Stattdessen greift man auf numerische Methoden zurück und lässt den Computer die Flugbahn für verschiedene Ausgangssituationen berechnen, um das optimale Startdatum zu finden. Für das *Voyager*-Programm berechneten die Ingenieure 10.000 potentielle Flugbahnen für verschiedene Startdaten. Aus dieser Vielzahl an möglichen Flugbahnen konnten dann in einer Vorauswahl diejenigen ausgewählt werden, mit denen die Ziele des Programms bestmöglich erfüllt werden konnten. Und ganz pragmatisch wurde am Ende eine Bahn ausgewählt, bei der die interessanten Vorbeiflüge an den Planeten unseres Sonnensystems nicht zu Thanksgiving und zu Weihnachten stattfanden – denn auch Raumfahrtingenieure möchten die Feiertage gerne mit ihren Familien verbringen.

Welche Flugbahn man als „ideal" bezeichnen mag, ist natürlich ein wenig Ansichtssache. In der Regel bezeichnet man aber diejenige Flugbahn als ideal, die energetisch am günstigsten ist, bei der also am wenigsten Treibstoff für Richtungsänderungen benötigt wird. Eine Rakete muss also insgesamt weniger Treibstoff

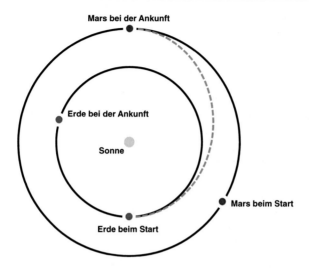

Abb. 2.2 Schematische Darstellung des Hohmann-Transfers (grün-gestrichelte Linie) zwischen der Erdumlaufbahn und der Marsumlaufbahn

mitführen, der ja mitunter einer der größten Kostentreiber ist. Für den etwas vereinfachten Fall eines Transfers zwischen zwei kreisförmigen Umlaufbahnen um ein zentrales Objekt – also in guter Näherung für den Übergang zwischen der Erdumlaufbahn auf die Marsumlaufbahn – ist der Hohmann-Transfer die energetisch günstigste Flugbahn. Diese Flugbahn ist nach dem deutschen Ingenieur Walter Hohmann benannt, der sie schon 1925 in einem Buch beschrieb. Der Hohmann-Transfer verbindet Erde und Mars so, dass der Mars bei der Ankunft in Konjunktion zur Position der Erde beim Start steht (siehe Abb. 2.2). Konjunktion bedeutet in der Sprache der Astronomen, dass drei Himmelskörper (hier Sonne, Erde und Mars) in einer Linie stehen, aber Mars und Erde sich auf gegenüberliegenden Seiten der Sonne befinden. Nach dem Start schwenkt das Raumschiff auf eine elliptische Keplerbahn um die Sonne ein, deren große Halbachse, wie man in der Abbildung sieht, die Hälte der Summe aus dem Bahnradius der Erde und dem des Mars ist. Damit lässt sich mit Hilfe des dritten Keplerschen Gesetzes auch die Flugdauer von der Erde zum Mars auf dieser Bahn berechnen: Sie beträgt etwa 250 Tage, also achteinhalb Monate. Wenn man den Start einer Marssonde gut plant und sie sofort tangential zur Erdumlaufbahn auf die Transfer-Ellipse schickt, ist theoretisch lediglich ein weiteres Schubmanöver nötig, um die Sonde abzubremsen und auf eine Umlaufbahn um den Mars zu bringen, von der aus man dann auf der Marsoberfläche landen könnte. In der Praxis wählt man aber oftmals etwas andere Bahnen als den idealen Hohmann-Transfer, was dann wiederum häufigere Schubmanöver erfordert – die dann aber zu kürzeren Reisezeiten führen können. Um den *Mars Reconnaissance Orbiter* zu seinem Ziel zu bringen, waren zum Beispiel vier Manöver notwendig, dafür war er nur 210 Tage unterwegs.

Wenn wir an eine Besiedlung des Mars in großem Maßstab denken – die ja auch entsprechend viele Flüge vom Mars zur Erde erfordern würde – ist also eine gute Planung nötig. Ob man am Ende den Hohmann-Transfer benutzt oder andere Verfahren, etwa das „Gravity-assist maneuver" – bei dem das Raumschiff vom Mars gravitativ eingefangen wird – wird man am Ende sehen müssen. Es stellt sich auch die Frage, ob man von der Erde aus direkt zum Mars fliegt oder zuerst einen Zwischenstopp auf dem Mond einlegt, sofern man dort eine entsprechende Infrastruktur aufbauen kann, die dies ermöglicht. Ein solcher Zwischenstopp würde natürlich die gesamte Reise entsprechend verlängern und wäre daher wohl eher nichts für die ganz Eiligen.

Welche Probleme erwarten uns auf dem Mars?

3

„Antarctica is a paradise compared to Mars."

Sandra Faber

Es ist offensichtlich, dass eine Reise zum Mars – und noch viel mehr eine dauerhafte Besiedlung dieses Planeten – eine Vielzahl an Problemen aufwirft. Manche dieser Probleme sind verhältnismäßig einfach zu lösen. Zum Beispiel beträgt die Temperatur auf der Marsoberfläche im Mittel $-63\,°C$, was für einen Menschen ziemlich ungemütlich ist. Eine ähnliche Durchschnittstemperatur herrscht jedoch auch am Südpol im antarktischen Winter – und dennoch ist die dortige Amundsen-Scott-Forschungsstation ständig besetzt. Etwa 50 Forscherinnen und Forscher überwintern typischerweise auf der Station, bis auf eine zeitweise Satellitenverbindung völlig abgeschnitten von der Außenwelt. Was Reisen über die Erde hinaus in den Weltraum betrifft hat die Menschheit in der jüngeren Vergangenheit natürlich auch schon etwas Erfahrung gesammelt, nicht zuletzt durch die Internationale Raumstation ISS. Unser „Außenposten im All" ist seit dem Jahr 2000 durchgängig besetzt. Die Langzeitbewohner verbringen jeweils etwa ein halbes Jahr auf der Raumstation, bevor sie auf die Erde zurückkehren, wodurch mittlerweile viele Erkenntnisse über das Leben jenseits der Erde gesammelt werden konnten. Manche Probleme auf dem Mars können wir daher jetzt schon voraussehen, nicht zuletzt auch, da wir den Mars bereits mit einer Vielzahl an Sonden, Landern und Rovern aktiv erkunden. Wir wissen, wie es auf seiner Oberfläche aussieht, kennen die Atmosphäreneigenschaften, Schwerkraftverteilungen und Restmagnetfelder. Wie es unter der Oberfläche aussieht, wo unsere Roboter noch nicht hingelangen, ist uns allerdings derzeit größtenteils verborgen. Hier liegen wahrscheinlich die größten Risiken: Aus unserem Wissen über den Mars können wir vieles ableiten, aber was ist mit den Problemen, auf die wir erst stoßen, wenn wir auf dem Mars sind? Auch wenn der Mensch einen schier unerschöpflichen Forscherdrang besitzt, gekoppelt mit einem gewissen

C. Grupen und M. Niechciol, *Der Mars: Unsere neue Heimat?*, essentials, https://doi.org/10.1007/978-3-662-65825-3_3

Improvisationstalent, ist es vermutlich keine so gute Idee, einfach hinzufahren und
zu schauen, was kommt.

In diesem Kapitel wollen wir uns mit einem nicht ganz so offensichtlichen,
aber doch äußerst relevanten Problem beschäftigen, nämlich dem der Strahlenbelastung auf der Marsoberfläche. Die ganz praktischen, technischen Probleme und
Herausforderungen sind zweifelsohne auch spannend, aber hier existieren bereits
vielversprechende, teils auch schon erprobte Lösungsansätze – die vielen erfolgrei-
chen Marsmissionen bisher sprechen für sich. Wie man mit der Strahlenbelastung
auf dem Mars umgehen soll ist dagegen eine offene Frage. Bei einer bemannten
Marsmission ist diese Frage aber unbedingt zu klären, kann die Strahlung doch
direkte gesundheitliche Auswirkungen haben, bis hin zum Tod im Falle von zu
großen Belastungen.

Hervorgerufen wird die Strahlenbelastung vor allem durch die kosmische Strahlung, einen konstanten Teilchenstrom von weit entfernten, extraterrestrischen Quellen. Das kann schon die Sonne sein, aber auch andere Quellen in unserer Galaxis
(der Milchstraße), etwa Überreste von Supernovae, tragen zu diesem Strom bei.
Dass es diese Strahlung gibt, wissen wir schon lange. Der österreichische Physi-
ker Victor Hess entdeckte sie schon 1912, nur wenige Jahre nachdem radioaktive
Strahlung überhaupt entdeckt wurde, und viele Jahre bevor an Raumfahrt nur zu
denken war. Mittlerweile wissen wir einiges über die kosmische Strahlung, nicht
nur durch Experimente auf der Erde, sondern auch darüber hinaus, auf Satelliten
und sogar der ISS. Wir kennen die Energieverteilung der ankommenden Teilchen,
ihre Zusammensetzung, nicht zuletzt auch die teilchen- und kernphysikalischen
Wechselwirkungsprozesse. Vor allem die Intensität der kosmischen Strahlung, und
damit die Strahlenbelastung für einen Organismus, hängt aber vom genauen Ort im
Sonnensystem ab, an dem man sich befindet. Auf dem Erdboden ist man durch die
Erdatmosphäre und das Magnetfeld größtenteils geschützt, auf der ISS außerhalb
der Atmosphäre hingegen weniger (schon Piloten und Flugbegleiterinnen, die ihren
Beruf vorwiegend in 10 km Höhe ausüben, müssen ein Auge auf ihre Strahlenbelastung durch die kosmischen Strahlen haben). Mit unserem derzeitigen Wissen über
den Mars können wir die Eigenschaften der kosmischen Strahlung dort und die Risiken für zukünftige Marsbewohner abschätzen und Gefahren rechtzeitig erkennen
und abwehren. Daneben geht auch eine gewisse Gefahr von Sonneneruptionen aus,
also Strahlungsausbrüchen von der Sonne, die wir ebenfalls diskutieren werden.

3.1   Grundlagen und Einheiten des Strahlenschutzes

Die Grundeinheit für die Aktivität einer radioaktiven Substanz oder allgemein einer radioaktiven Umgebung ist das Becquerel. Ein Becquerel (Bq) ist eine sehr kleine Einheit: Sie ist definiert als ein Zerfall pro Sekunde. Um ein Beispiel zu geben: Der Mensch hat eine natürliche, körpereigene Radioaktivität von circa 7500 Becquerel. Dafür sind im Wesentlichen die Isotope Kalium-40 und Kohlenstoff-14 verantwortlich, die durch die normale Nahrung aufgenommen werden. Das Becquerel an sich macht noch keine Aussagen über die Strahlenwirkung. Bei den angesprochenen radioaktiven Zerfällen kann es sich zum Beispiel um stark ionisierende Alphastrahlung (Heliumkerne), relativ schwach ionisierende Betastrahlung (Elektronen) oder um energetische Gammastrahlung (Photonen) handeln.

Die Strahlendosis D ist definiert als die Energie, die pro Masse absorbiert wird. Dabei entspricht einer absorbierten Energie von 1 J pro Kilogramm die Dosis 1 Gray (Gy). Die Einheit Gray macht ebenfalls noch keine Aussage über die biologische Wirkung einer solchen Energieabsorption, es ist eine rein physikalische Einheit. Alphastrahlen haben eine recht kurze Reichweite, aber entlang ihrer Spur ist die Ionisationsdichte sehr groß. Dort können also große Strahlenschäden an den Zellen eines Organismus – auch an der DNA – auftreten. Beta- und Gammastrahlen ionisieren relativ schwach. Bei Neutronenstrahlung, die zum Beispiel bei Kernreaktoren auftritt, ist die biologische Wirkung sehr von der Neutronenenergie abhängig. Um auf diese Effekte Rücksicht zu nehmen, wird die Energiedosis in Gray mit einem biologisch bedingten Strahlungswichtungsfaktor w gewichtet, der von der Strahlenart und -energie abhängt. Die so erhaltene biologisch relevante effektive Dosis (auch als Äquivalentdosis bezeichnet) $E = w \cdot D$ wird in der Einheit Sievert (Sv) angegeben. In einigen Ländern (zum Beispiel in den USA) werden häufig noch ältere Einheiten verwendet. Für die Energiedosis verwendet man dort die Einheit rad („roentgen absorbed dose"), wobei 1 Gy = 100 rad. Für die biologisch relevante effektive Dosis verwendet man die Einheit rem („roentgen equivalent man"), für die gilt 1 Sv = 100 rem.

Die für den Menschen letale Dosis entspricht 4,5 Sv. Die Mortalität bei Aufnahme einer solchen Dosis beträgt 50 %, die Hälfte aller Personen, die einer solchen Strahlenbelastung ausgesetzt sind, stirbt also. Auf der anderen Seite gibt es eine unvermeidbare minimale Dosis, die jeder ständig aufnimmt. Diese Dosis, aufgrund von kosmischer Strahlung, terrestrischer Strahlung durch natürliche Radioaktivität in der Umgebung, aber auch durch mit der Nahrung aufgenommene radioaktive Isotope, beträgt in den meisten Ländern 2 bis 3 mSv im Jahr. Die zusätzliche mittlere Belastung des Menschen durch medizinische Diagnostik- und Therapietechniken liegt etwa bei 2 mSv im Jahr. Die Grenzwerte beim Umgang mit radioaktiven

Substanzen liegen in vielen Ländern bei 100 mSv, also 0,1 Sv, in fünf aufeinander-
folgenden Jahren. Im Mittel erlaubt der Gesetzgeber also eine Strahlenbelastung von
20 mSv pro Jahr – weit unterhalb der letalen Dosis, aber immer noch mit gewissen
Risiken verbunden. Über ein gesamtes Berufsleben hinweg beträgt die empfohlene
Maximaldosis 400 mSv in Europa. In dieser Lebensdosis darf auch eine sogenannte
„Katastrophendosis" von einmalig 250 mSv enthalten sein. Für die eigentlich besonders exponierten Astronautinnen und Astronauten der NASA schlug die National
Academy of Sciences der USA dagegen 2021 eine Berufslebensdosis von 600 mSv
vor.

3.2   Galaktische kosmische Strahlung

Besonders relevant für unsere Betrachtungen ist die galaktische kosmische Strahlung, deren Quellen – wie der Name schon sagt – in unserer Milchstraße liegen.
Sie deckt ungefähr einen Energiebereich von 10^9 eV (1 GeV) bis 10^{17} eV (0,1 EeV)
ab. Das Elektronvolt (eV) ist dabei die in der Hochenergiephysik gebräuchliche
Energieeinheit. 1 eV entspricht ganz anschaulich der Energie, die ein Elektron bei
der Beschleunigung in einem elektrischen Feld mit einer Potentialdifferenz von
1 V erhält, in SI-Einheiten umgerechnet ergibt sich $1\,\text{eV} = 1,6 \cdot 10^{-19}$ J. Jenseits
von 10^{17} eV liegen die Quellen der kosmischen Strahlung außerhalb unserer Galaxis. Die extragalaktische kosmische Strahlung kann sogar Energien oberhalb von
10^{20} eV erreichen – es handelt sich hier um die höchstenergetischen Teilchen, die
wir jemals gemessen haben. Der Fluss der kosmischen Strahlung nimmt aber mit
steigender Energie rapide ab. Oberhalb von 10^{20} eV beträgt der Fluss gerade einmal
ein Teilchen pro Quadratkilometer und Jahrhundert. Das ist so selten, dass dieser
Teil der kosmischen Strahlung für die Strahlenbelastung eines Raumfahrers keine
Rolle spielt.

Die Intensität der galaktischen kosmischen Strahlung ist überall im Sonnensystem gleich groß, auf dem Mars genauso wie auf der Erde – wobei man natürlich
immer noch Abschirmungseffekte durch Magnetfelder oder die Atmosphäre berücksichtigen muss, wie wir später noch sehen werden. Zu niedrigeren Energien hin gibt
es noch eine solare Komponente der kosmischen Strahlung, deren Ursprung die
Sonne ist. Da der Fluss dieser Komponente quadratisch mit dem Abstand zur Sonne
abnimmt, ist diese auf dem Mars im Mittel um einen Faktor 2,3 kleiner als auf der
Erde, was man bei der Berechnung einer möglichen Strahlenbelastung in Betracht
ziehen muss.

Woraus besteht nun die kosmische Strahlung? Messungen mit Ballon- und
Satellitenexperimenten zeigten, dass etwa 98 % der kosmischen Strahlung aus

Wasserstoffkernen (Protonen) und schwereren Kernen besteht und die restlichen 2 % aus Elektronen und Positronen. Von den erstgenannten 98 % wiederum machen Protonen den überwiegenden Teil aus (87 %), weitere 12 % sind Heliumkerne und das restliche Prozent noch schwerere Kerne. Interessanterweise tauchen alle Elemente des Periodensystems auch in der kosmischen Strahlung auf (siehe Abb. 3.1). Der Fluss hochenergetischer Gammaquanten (Photonen) ist sehr klein, sie spielen an dieser Stelle keine Rolle.

Wenn die Teilchen der kosmischen Strahlung auf einen Planeten treffen, so kollidieren sie mit Teilchen innerhalb der jeweiligen Gasatmosphäre – auf der Erde also hauptsächlich mit Stickstoff- und Sauerstoffkernen, auf dem Mars mit den Atomkernen der Kohlendioxidmoleküle. Bei diesen Kollisionen werden neue Teilchen erzeugt, etwa Pionen und Kaonen, die wiederum vorwiegend in Myonen und Neutrinos zerfallen. Neutrinos wechselwirken kaum mit Materie, so dass sie für die Strahlenbelastung eines Mars- oder Erdenbewohners uninteressant sind. Die Myonen haben aber eine große Reichweite und können sogar unter der Erdoberfläche (oder unter der Marsoberfläche) nachgewiesen werden. Neben diesen Myonen entstehen in den Teilchenkaskaden, die durch die kosmische Strahlung in der Atmosphäre ausgelöst werden, noch eine Vielzahl von Elektronen, Positronen und Photonen. Eine wichtige Größe für die Beschreibung der Entwicklung einer solchen Kaskade ist die atmosphärische Tiefe. Diese gibt die durchlaufene Massenbelegung an, also die aufsummierte Dichte entlang eines Weges durch die Atmosphäre. Bekanntermaßen ist die Marsatmosphäre deutlich dünner als die der Erde. Ein Teilchen, das senkrecht auf die Atmosphäre trifft, durchläuft auf seinem Weg bis zur Marsoberfläche etwa 20 g/cm^2, auf der Erde jedoch 1000 g/cm^2. Dies hat zur Folge, dass die durch die kosmische Strahlung ausgelösten Teilchenkaskaden auf dem Mars weniger ausgeprägt sind und mitunter gar nicht erst gestartet werden. Trotzdem muss – wie in der Medizin – der Dosisaufbaufaktor berücksichtigt werden, denn nach einer dünnen Abschirmung, zum Beispiel durch die Atmosphäre, kann die Teilchenzahl zunächst ansteigen, wenn diese so dünn ist, dass die Teilchen dort nicht wieder absorbiert werden können. Dies führt dann auch zu einem Anstieg der aufgenommenen Dosis.

Um die Propagation der Teilchenkaskaden in der Atmosphäre von Planeten zu untersuchen, nutzt man aufgrund der hohen Komplexität in der Regel Monte-Carlo-Methoden, bei denen jede einzelne Wechselwirkung im Computer detailliert simuliert wird. Bei niedrigeren Energien und bei dünnen Atmosphären kommen jedoch auch analytische Methoden oder andere Modellrechnungen in Betracht. Für die Berechnung der Strahlenbelastung spielen insbesondere Protonen eine Rolle, da diese am häufigsten vorkommen. Aber auch schwerere Teilchen sind interessant, da sie höhere Strahlungswichtungsfaktoren aufweisen. Sorgfältige Rechnungen müssen auch die Rückstreuung von Teilchen an der obersten Gesteinsschicht der

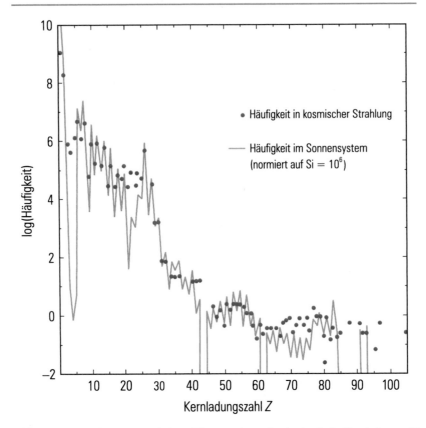

Abb. 3.1 Die Häufigkeit verschiedener Elemente (ausgedrückt durch die Kernladungszahl Z) in der kosmischen Strahlung und im Sonnensystem. Die Übereinstimmung der beiden Verteilungen gibt einen Hinweis darauf, dass der wesentliche Produktionsmechanismus für kosmische Strahlung die stellare Nukleosynthese ist. Die Unterschiede zwischen den beiden Verteilungen, z. B. bei der Elementgruppe um Lithium, Beryllium und Bor ($Z = 3 - 5$), rühren von kernphysikalischen Wechselwirkungsprozessen her, denen die Kerne auf ihrem Weg von der Quelle zur Messung unterliegen. (Bildnachweis: C. Grupen, Einstieg in der Astroteilchenphysik, 2. Auflage, Springer 2018 (dort Abb. 6.2))

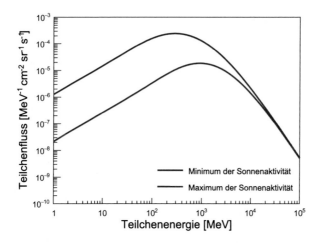

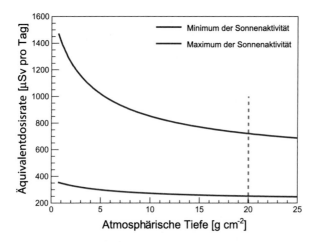

Abb. 3.2 Oben: Der berechnete Protonenfluss auf dem Mars als Funktion der Energie, für zwei verschiedene Phasen der Sonnenaktivität. **Unten:** Die gesamte Äquivalentdosisrate aufgrund der kosmischen Strahlung als Funktion der atmosphärischen Tiefe in der Marsatmosphäre, ebenfalls für zwei verschiedene Phasen der Sonnenaktivität. Die Marsoberfläche befindet sich bei einer (vertikalen) atmosphärischen Tiefe von $20\,\text{g/cm}^2$ (gestrichelte Linie). Die dargestellten Daten wurden uns freundlicherweise von Prof. Dr. Robert Wimmer-Schweingruber (Christian-Albrechts-Universität zu Kiel) zur Verfügung gestellt

Marsoberfläche berücksichtigen. Eine Forschergruppe unter Beteiligung der Christian-Albrechts-Universität zu Kiel hat im Jahr 2017 eine Studie zur Strahlenbelastung auf dem Mars veröffentlicht[1]. Zwei Ergebnisse dieser Studie sind in Abb. 3.2 dargestellt. Zunächst wurde mit Hilfe von Modellrechnungen der Fluss der Teilchen der kosmischen Strahlung bestimmt, und zwar für verschiedene Sonnenaktivitäten. Die Aktivität der Sonne variiert periodisch mit einem Zyklus von etwa 11 Jahren. Der gemessene Fluss der kosmischen Strahlung (bei verhältnismäßig niedrigen Energien) ist mit der Sonnenaktivität antikorreliert, das heißt der Fluss ist kleiner bei hoher Sonnenaktivität und umgekehrt. Das liegt daran, dass der aus geladenen Teilchen bestehende Sonnenwind einen Strom darstellt, der magnetische Felder mit sich führt, die wiederum die galaktische Komponente der kosmischen Strahlung zum Teil abschirmen. In Abb. 3.2 (oben) sieht man genau dieses Verhalten am Beispiel des Protonenflusses. Das Maximum des Protonenflusses variiert mit der Sonnenaktivität im Bereich von 100 MeV bis 10 GeV und fällt zu höheren Energien hin ab. Im nächsten Schritt wurde mit Hilfe der Teilchenflüsse die zu erwartende Strahlenbelastung berechnet. In Abb. 3.2 (unten) ist die Äquivalentdosisrate als Funktion der Position in der Marsatmosphäre dargestellt, also als Funktion der oben angesprochenen atmosphärischen Tiefe. Die Äquivalentdosisrate auf der Marsoberfläche, also bei einer atmosphärischen Tiefe von 20 g/cm^2, beträgt etwa 700 Mikrosievert (μSv) pro Tag im solaren Minimum beziehungsweise 250 μSv pro Tag im solaren Maximum – das sind etwa dreißig- bis einhundertmal höhere Werte als auf der Erde. Die berechneten Werte für die Strahlenbelastung stimmen auch gut mit Messungen des Marsrovers *Curiosity* überein, der in den Jahren 2012 bis 2016 die Strahlung auf dem Mars untersuchte. Dieser maß auf der Marsoberfläche eine Äquivalentdosisrate von etwa 30 μSv pro Stunde, also 720 μSv pro Tag.

3.3   Sonneneruptionen

Die Sonne ist eine heiße Plasmakugel. Bei einer Oberflächentemperatur von 5500 K ist der Wasserstoff, welcher der Hauptbestandteil der Sonne ist, vollständig ionisiert. Das Plasma besteht also aus Wasserstoffkernen (Protonen) und Elektronen bei typischen Energien im Bereich von einem Elektronvolt. Das Sonnenplasma ist aber in ständiger Bewegung. Schon durch die Eigenrotation der Sonne und ihre differentielle Rotation – die Äquatorregionen weisen eine kürzere Rotationsperiode auf

---

[1] Guo, J., et al. (2017), Dependence of the Martian radiation environment on atmospheric depth: Modeling and measurement, J. Geophys. Res. Planets, 122, 329–341, doi: https://doi.org/10.1002/2016JE005206.

als die Pole – gibt es ständig Plasmaströme von Protonen und Elektronen. Diese Plasmaströme erzeugen elektrische Felder, in denen geladene Teilchen beschleunigt werden können. Besonders turbulent sind Sonnenflecken, deren Häufigkeit mit der Aktivität der Sonne korreliert ist. Sonnenflecken kommen häufig paarweise mit entgegengesetzter magnetischer Polarität vor. Dadurch, dass sich die Sonnenflecken in einem solchen Paar aufeinander zubewegen, entstehen elektrische Felder senkrecht zur Bewegungsrichtung der Sonnenflecken von der Größenordnung von 10 V pro Meter. Trotz dieser relativen geringen Feldstärken können Protonen wegen der großen Ausdehnung eines Sonnenfleckenpaares auf Energien bis zum GeV-Bereich beschleunigt werden.

Noch stärkere elektrische Felder treten bei Sonneneruptionen (Flares) auf. Dazu kommt die stetige Emission niederergetischer Teilchen als „Sonnenwind", die wie die galaktische kosmische Strahlung zu einer erhöhten Strahlenbelastung führen können. Auf der Erde werden die Teilchen des Sonnenwinds bereits in den oberen Schichten der Erdatmosphäre (in 50 bis 100 km Höhe) absorbiert, was zu den eindrucksvollen Polarlichtern führt. Auch auf dem Mars gibt es „Polarlichter", die im Gegensatz zur Erde auf dem gesamten Mars auftreten und vornehmlich im ultravioletten Teil des Spektrums zu „sehen" sind. Die besten Chancen für eine Beobachtung hat man auf der Nachtseite des Mars. Der arabische Mars-Orbiter *al-Amal* beobachtete zum Beispiel im Juni 2021 eine solche Aurora. Zurück zum Sonnenwind: Ein Teil wird schon bevor er die Erdatmosphäre erreicht durch das irdische Magnetfeld abgefangen, in den sogenannten Van-Allen-Strahlungsgürteln (Abb. 3.3). Bei Raumexpeditionen, egal ob zum Mars oder auch nur zum Mond, ist es wichtig, diese Zonen hoher Teilchendichten schnell zu durchfliegen. Auf dem Mars gibt es solche Strahlungsgürtel zwar nicht, da der Mars kein globales Magnetfeld mehr besitzt, jedoch treffen dadurch die Teilchen des Sonnenwinds direkt auf den Mars, beziehungsweise die (dünne) Marsatmosphäre.

Eine besonders große Gefahr für Raumfahrer stellen aber die mit Sonneneruptionen verbundenen koronalen Massenauswürfe dar (Abb. 3.4). Dabei können Teilchenflüsse von bis zu 70.000 Teilchen pro Quadratzentimeter pro Sekunde und Steradian (sr) vorkommen, bei Energien von mehr als 10 MeV. Im August 1972 kam es zu einem kräftigen solaren Flare mit einem starken koronalen Massenauswurf. Dieses Ereignis erfolgte kurz nach dem Flug von *Apollo* 16 zum Mond im April 1972. Die nachfolgende Mission *Apollo* 17 wurde im Dezember 1972 auf den Start vorbereitet. Es war ein Glücksfall für die Astronauten, dass dieses solare Ereignis genau zwischen den beiden Raumflügen stattfand. Ein exponierter Astronaut, nur mit einem Raumanzug bekleidet, hätte durch diesen koronalen Massenauswurf eine fast-letale Dosis von 4 Sievert abbekommen.

Abb. 3.3 Künstlerische Darstellung der Van-Allen-Strahlungsgürtel um die Erde. (Bildnachweis: NASA/Goddard Space Flight Center/Scientific Visualization Studio)

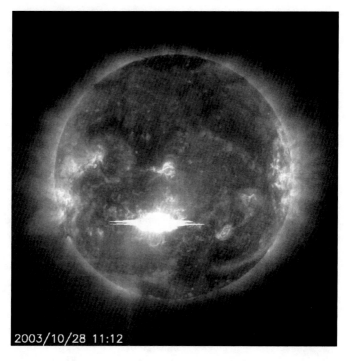

2003/10/28 11:12

Abb. 3.4 Koronaler Massenauswurf der Sonne vom 28. Oktober 2003, aufgenommen vom
SOHO-Satelliten. (Bildnachweis: SOHO/EIT, SOHO/LASCO, SOHO/MDI (ESA & NASA))

Für das Wohlergehen zukünftiger Marsbewohner ist es deshalb wichtig, die Aktivität der Sonne genau zu registrieren. Zwar sind die von der Sonne emittierten Protonen deutlich langsamer als das Licht, so dass man einen solaren Ausbruch vor dem Ankommen der solaren Teilchenflüsse „sehen" kann (wie in Abb. 3.4), aber die Rotation der Sonne macht die Vorhersage von möglichen solaren Ereignissen nicht leichter. Typische Verzögerungen zwischen einem solaren Ereignis und dem Ankommen der Teilchen sind für den Mars etwa 2 bis 3 Tage. Die „Weltraumwettervorhersage" ist jedoch derzeit noch mit einigen Unsicherheiten behaftet und nicht völlig zufriedenstellend.

Neben der permanenten Gefahr durch galaktische kosmische Strahlung stellt also der Schutz der Marsianer vor solaren kataklysmischen Ereignissen, und deren zuverlässige Vorhersage, eine besondere Herausforderung dar. Eine wirksame Schutzmaßnahme vor solchen Ereignissen ist nur durch einen Aufenthalt unter der Marsoberfäche mit hinreichener Abschirmung (man geht von mindestens zwei Metern Marsgestein aus) gewährleistet – ein Leben „unter Tage" wird den meisten Mars-Enthusiasten aber wohl eher nicht sonderlich attraktiv erscheinen.

3.4 Biologische Schäden durch Strahlung

Auf dem Flug zum Mars und auch beim Aufenthalt auf dem Mars können mehrere Arten von Strahlenschäden auftreten. Frühschäden aufgrund von hoher Dosisbelastung, die nahezu sofort in einem Organismus auftreten aber oftmals glücklicherweise noch reversibel sind, können zum Beispiel durch solare Flares verbunden mit koronalen Massenauswürfen auftreten. Während eines Raumflugs ist eine effektive Abschirmung gegen solche Sonnenstürme schwierig, da die Masse eines Raumschiffs möglichst gering gehalten werden soll und eine ausreichende Abschirmung – typischerweise verwendet man Materialien mit hoher Dichte – einiges wiegt. Auf dem Mars dagegen könnte man das Strahlenrisiko erheblich reduzieren, wenn man eine verlässliche „Weltraumwettervorhersage" hätte, die es einem ermöglichen würde, sich rechtzeitig in einen geschützten Bereich zu begeben. Eine größere Gefahr geht hier von der stetigen Strahlenbelastung durch die kosmische Strahlung aus, die, wie wir im vorigen Abschnitt gesehen haben, bis zum hundertfachen der Strahlenbelastung auf der Erde betragen kann. Daraus können sich mit großer Wahrscheinlichkeit diverse Spätschäden entwickeln. Ein solcher Spätschaden ist der sogenannte Strahlenkrebs. Von der internationalen Strahlenschutzkommission wird der Risikofaktor für Strahlenkrebs mit 5 % pro Sievert angegeben. In der Literatur findet man aber auch höhere Werte für diesen Risikofaktor. Eine mögliche Krebserkrankung durch erhöhte Dauerbelastung ist allerdings ein stochastisches Risiko. Das bedeutet, dass die Schwere der Erkrankung nicht von der Dosis abhängt, aber die Wahrscheinlichkeit des Auftretens proportional zur Dosis ist. Selbst geringe Strahlendosen können also Krebs auslösen, wenn auch mit geringerer Wahrscheinlichkeit. Eine dritte Art der Strahlengefahr ist das genetische Strahlenrisiko. Strahlenabsorption in Keimzellen kann Mutationen zur Folge haben. Für die bestrahlten Personen sind aufgetretene Mutationen jedoch nicht erkennbar, sie manifestieren sich erst in den nachfolgenden Generationen. Man schätzt, dass eine Dosis von einem Sievert zu etwa 200 Mutationen führt. Das ist allerdings relativ wenig im Verhältnis zu den Mutationen, die durch Umweltfaktoren zustande kommen. Eine weitere

mögliche Folge erhöhter Strahlendosen ist eine (im günstigsten Fall nur vorüberge-
hende) Unfruchtbarkeit. Es ist noch hinzuzufügen, dass die Strahlungsempfindlich-
keit von Gewebe direkt proportional zur Reproduktivität, also der Zellteilungsrate,
ist. Deshalb ist für gebärfähige Frauen oder gar Schwangere ein Marsaufenthalt
potentiell gefährlich. Das ist natürlich ein Problem, wenn man dort eine Gesellschaft aufbauen möchte, die sich selbst erhalten kann ohne dass immer neue Siedler
von der Erde kommen.

Wie können wir den Mars zu unserer neuen Heimat machen?

4

„Land on Mars, a round-trip ticket – half a million dollars. It can be done."

Elon Musk

Ein Hin-und-Rückflug-Ticket zum Mars für eine halbe Million Dollar klingt verlockend. Für die vielen Dollar-Milliardäre ist dieser Betrag geradezu ein Taschengeld. Es kann sich hier aber nicht um einen Wochenendtarif handeln, denn allein für Hin- und Rückflug muss man schon mindestens eineinhalb Jahre Zeit einplanen. Selbst für diesen „Kurztrip" – und noch viel mehr für eine Langzeitmission – braucht man allerdings mehr als etwas Kleingeld. Körperliche und vor allem psychische Fitness sind Grundvoraussetzungen für die Teilnahme an einer Mars-Expedition. Bei einem Aufenthalt auf der ISS oder auch bei einem Flug zum Mond kann man ständig Kontakt mit der Bodenstation auf der Erde halten. Auch wenn man etwas vergessen hat, lässt sich das immer noch mit einem späteren Versorgungsflug korrigieren. Das alles geht beim Mars nicht. Gespräche und Rückversicherungen in Echtzeit mit der Bodenstation kann man vergessen. Allein die Signallaufzeit vom Mars zu einem erdgebundenen Kontrollzentrum liegt in der Größenordnung von einer Viertelstunde. Wenn wir den Mars zu unserer Heimat machen wollen, müssen wir alles mitnehmen, was wir nicht aus dem Marsgestein herstellen können. Ob Kartoffeln im Marsboden gedeihen, wissen wir auch (noch) nicht. In der aktuellen Science-Fiction-Literatur scheint dies zu funktionieren, aber es muss natürlich vor Ort getestet werden. Es gibt also viel vorzubereiten und man muss auf viele Eventualitäten vorbereitet sein, um langfristig auf dem Mars zu siedeln.

C. Grupen und M. Niechciol, *Der Mars: Unsere neue Heimat?*, essentials, https://doi.org/10.1007/978-3-662-65825-3_4

4.1   Biologische Anpassung an den Mars

Es steht außer Frage, dass sich der menschliche Organismus bei einem längeren Aufenthalt auf dem Mars verändern wird, zumindest auf langen Zeitskalen. Schließlich hat sich der Mensch auch auf der Erde in Millionen von Jahren perfekt an die hiesigen Gegebenheiten angepasst. Eine kurzfristige biologische „Anpassung" können wir aber bereits bei den Langzeitbesatzungen der ISS sehen. Bei ihrer Rückkehr sind sie ein wenig gewachsen und können sich kaum auf den Beinen halten, weil ihre Muskeln in der Schwerelosigkeit schwächer geworden sind – und das trotz eines rigorosen Fitnessprogramms auf der ISS. Der Schwund von Muskelmasse und die reduzierte Stabilität des Knochengerüstes sind sichtbare Zeichen des Aufenthaltes in der Schwerelosigkeit. Was bedeutet das für eine Marsmission? Bei einem Flug zum Mars werden die Astronauten also schon etwas geschwächt ankommen. Wegen der geringeren Anziehungskraft des Mars im Vergleich zur Erde macht sich die Muskelschwäche allerdings noch nicht direkt bemerkbar. Im Laufe der Zeit werden sich die neuen Marsbewohner wahrscheinlich an die veränderte Gravitation anpassen. Die Entwicklung von Knochen und Muskeln wird unter geringerer Gravitation sicher anders verlaufen. Auf dem Mars braucht der Mensch nicht mehr so starke Knochen wie auf der Erde. Auch das Herz wird sich vermutlich anders entwickeln, denn der Herzmuskel muss auf dem Mars nicht mehr soviel Kraft aufbringen, um das Blut in die verschiedenen Körperteile zu pumpen. Es wäre möglich, dass das Herz es zunächst leichter hat, Blut in den näherliegenden Kopf zu pumpen, im Gegensatz zu den Extremitäten, die dann eventuell unterversorgt wären, worunter dann die Stabilität des Menschen leiden würde. Allerdings könnte im Gegenzug die geringere Gravitation auch das Gehen erleichtern, selbst wenn die Muskelmasse reduziert ist, weil die Marsianer unter Marsbedingungen leichter wären und so starke Muskeln gar nicht mehr brauchen. Das hätte aber wiederum zur Folge, dass es den Marsianern kaum mehr möglich wäre, auf der Erde zurecht zu kommen. Die irdische Schwerkraft wäre einfach nicht mehr für ihre Marsmuskeln tragbar.

Noch gänzlich unerforscht ist die Entwicklung von neuem Leben auf dem Mars. Wird die normale Befruchtung genauso ablaufen wie auf der Erde, oder ist die Beweglichkeit von Spermien eingeschränkt? Wie sieht die embryonale Entwicklung im Mutterleib aus? Es könnte auch sein, dass die Zellteilung bei Embryonen durch die geringe Gravitation anders verläuft, oder dass die erhöhte Strahlenbelastung auf dem Mars sogar zur Unfruchtbarkeit führen könnte.

Jedenfalls wird ein Leben unter diesen Bedingungen noch einige Folgen haben, die wir bisher gar nicht erahnen. Es wird am Ende wahrscheinlich so sein, dass die Marsianer im Laufe der Zeit sich langsam an die veränderten Marsbedingungen anpassen und zu einem neuen Typus von Mensch entwickeln, sozusagen einem *Homo Martis,* der dann aber auf der Erde nicht mehr leben könnte. Ob man diesen Evolutionsprozess beschleunigen kann, indem man, wie es manchen Science-Fiction-Autoren vorschwebt, schon von vornherein biologisch und vielleicht sogar technisch modifizierte Raumfahrer auf die Reise zum Mars schickt, wird die Zukunft zeigen.

4.2   Terraforming

Ein möglicher Baustein für eine erfolgreiche Marsbesiedlung könnte das sogenannte Terraforming sein. Ziel des Terraformings ist die möglichst kurzfristige Schaffung von geeigneten Lebensbedingungen auf einem Planeten. „Geeignet" ist dabei allerdings ziemlich subjektiv und bezieht sich natürlich nur auf für den Menschen geeignete Lebensbedingungen, was nicht heißen soll, dass sich nicht auch bei anderen Bedingungen ein wie auch immer geartetes Leben entwickeln kann. Merkur und Venus kommen für ein Terraforming nicht in Frage. Die hohen Temperaturen dort und die giftigen Atmosphären sind zu menschenfeindlich. Der Mars ist im Vergleich zu Merkur und Venus geradezu ein Paradies. Wie wir schon in Kap. 1 gesehen haben, ist es auf der Marsoberfläche äußerst kalt und es gibt nur eine unwesentliche, dünne Atmosphäre. Es wird also eine Aufgabe sein, die Temperatur auf dem Mars zu erhöhen, und dafür zu sorgen, dass die Kohlendioxid-dominierte Atmosphäre mit genügend Sauerstoff angereichert wird. Dabei muss man aber berücksichtigen, dass der Mars gar nicht in der Lage ist, leichte Gase dauerhaft in der Atmosphäre festzuhalten. Der Mars hat den Großteil seiner Atmosphäre aufgrund der geringen Anziehungskraft schon vor circa 3,5 Mrd. Jahren verloren. Auch das fehlende globale Magnetfeld des Mars hat dazu geführt, dass der Sonnenwind die „Marsluft" förmlich weggeblasen hat. Selbst die Erde hat die leichten Gase Wasserstoff und Helium wegen ihrer nicht ausreichenden Gravitation verloren. Das in der Erdatmosphäre vorhandene Helium ist vor allem auf radioaktive Elemente in der Erdkruste zurückzuführen, die für konstanten Nachschub sorgen. Neben Sauerstoff brauchen wir vor allem Wasser. Allerdings kann Wasser im flüssigen Zustand bei den jetzigen Bedingungen zumindest auf der Marsoberfläche nicht existieren. Dazu müsste neben der Temperatur auch der Druck innerhalb der Atmosphäre erhöht werden.

Mit Terraforming eine menschengerechte Atmosphäre auf dem Mars einzurichten und langfristig zu halten, ist also keine leichte Aufgabe. Wenn man den Visionen von Elon Musk Glauben schenkt, gibt es aber eine schnelle Lösung, auf dem Mars ein lebensfreundliches Klima zu schaffen: Man sollte an den Marspolkappen das dort vorhandene CO_2-Eis durch thermonukleare Explosionen – also durch Wasserstoffbomben – in den gasförmigen Zustand überführen. Das freigesetzte CO_2 wird als Treibhausgas die Temperatur (und gleichzeitig auch den Atmosphärendruck) steigen lassen und mit der nun folgenden Erwärmung weiteres CO_2 in die Marsatmosphäre injizieren. Es wird allerdings bezweifelt, ob das an den Polen gespeicherte CO_2-Eis ausreicht, um einen hinreichenden Erwärmungseffekt zu erzielen. Man könnte aber durch die Freisetzung weiterer, eher unangenehmer, Klimagase, zum Beispiel Methan oder Fluorkohlenwasserstoffe (FCKW), und durch eine höhere Luftfeuchtigkeit den Treibhauseffekt verstärken. Wenn man von so drastischen Maßnahmen wie nuklearen Explosionen abgeschreckt wird, könnte man aber auch durch riesige Spiegel das Sonnenlicht auf die Polkappen fokussieren, und so CO_2 freisetzen. Die Spiegel, die man dafür benötigt, müssten allerdings wahrhaftig gigantisch sein – und es würde zudem sehr lange dauern.

Den Sauerstoffgehalt der Marsatmosphäre könnte man zudem durch dort anzu-
siedelnde Mikroorganismen optimieren. So könnten Cyanobakterien (Blaualgen)
oder andere Algen durch ihre Photosynthese Sauerstoff erzeugen. Cyanobakterien
waren schon auf der Erde mit die ersten Lebewesen, die eine Sauerstoffproduktion
betrieben haben. Für eine allmähliche Anreicherung von Sauerstoff in der Marsatmosphäre durch den Stoffwechsel von Mikroorganismen benötigt man aber eben
Wasser. Wenn dieses Problem gelöst ist, könnten Cyanobakterien zu Modellorganis-
men für die Erzeugung von Lebensbedingungen auf dem Mars werden. Andere an
extreme Bedingungen gewöhnte Lebewesen, zum Beispiel kryophile (kälteliebende)
Bakterien könnten sich auch auf dem Mars wohlfühlen und vielleicht durch ihren
Stoffwechsel die Marsatmosphäre verbessern. Aufgrund der in Kap. 2 diskutierten
starken Strahlenbelastung auf dem Mars könnten zudem besonders strahlungsre-
sistente Mikroorganismen eine wichtige Rolle spielen. Die Bakterien Deinococcus
Radiodurans und Micrococcus Radiophilus überleben sogar eine Dosis von 20.000
Sievert aufgrund ihrer außerordentlichen Fähigkeit, Strahlenschäden auszuheilen.
Solche Bakterien werden sogar schon in den Reaktorkernen von Kernkraftwerken
gefunden. Sie bringen es fertig, mit Hilfe ihres Enzymsystems DNA-Schäden selbst
dann noch zu reparieren, wenn die Helixstruktur der DNA schätzungsweise eine
Million Brüche aufweist. Einen Pilz mit ebenfalls hoher Strahlenresistenz mit dem
Namen Neoformans hat man 1986 im Unglücksreaktor von Tschernobyl gefunden.
Er kann sogar die Energie ionisierender Strahlung in nutzbare Energie umwandeln.

Ob diese strahlungsresistenten Mikroorganismen aber auch Sauerstoff produzieren ist im Moment noch nicht bekannt.

All diese biologischen Methoden erfordern viele Hunderttausend Jahre, um die Lebensumstände auf dem Mars zu verbessern. Bis die Marsbewohner sich auf ihrem neuen Heimatplaneten also so frei bewegen können wie auf der Erde sind sie wie alle anderen Raumfahrer noch auf technische Hilfsmittel angewiesen. Ohne einen isolierenden Raumanzug und einen Sauerstofftank wird für lange Zeit niemand seine Unterkunft auf dem Mars verlassen können.

4.3   Eine erste Marskolonie

Wie eine menschliche Kolonie auf dem Mars aussehen könnte, beschäftigt Science-Fiction-Autoren schon lange. Oftmals kollidieren deren Visionen aber mit der Realität, bedenken sie doch in der Regel nicht alle Herausforderungen der Marsumgebung. Natürlich beschäftigen sich auch Wissenschaftler damit, wie man in Zukunft dauerhaft auf dem Mars leben könnte (siehe Abb. 4.1), und zwar naturgemäß etwas nüchterner und realistischer als freie Autoren. Eine grundlegende Frage ist, wie man eine solche Kolonie autark betreiben kann, so dass sie ohne regelmäßige Versorgungsflüge von der Erde auskommt. Zur ISS kann alle paar Wochen ein unbemannter Versorgungsflug starten, der Treibstoff, Nahrungsmittel und weitere Ausrüstung zur Raumstation bringen kann. Beim Mars gibt es nur etwa alle zwei Jahre überhaupt ein Zeitfenster, das einen Marsflug mit vertretbarem Energieaufwand und nicht allzu langer Flugdauer ermöglicht (siehe Abschn. 2.3). Und selbst dann dauert der Flug noch mehrere Monate. Im schlimmsten Fall – wenn man kurz nach dem Start des Flugs merkt, dass einem auf dem Mars etwas fehlt – muss man also über zweieinhalb Jahre warten, bis man die benötigte Ausrüstung erhalten kann. Man müsste also alles, was man auf dem Mars braucht, sämtliche Ausrüstung, sämtliche Technik, doppelt und dreifach redundant vorrätig halten, um Ausfallzeiten zu vermeiden.

Was sind nun die größten Herausforderungen beim Aufbau einer autarken Marskolonie? Zunächst einmal muss das Augenmerk auf der Erzeugung der lebensnotwendigen Stoffe liegen, insbesondere Sauerstoff und Wasser. Für beides gibt es schon Ideen, wie wir zuvor ausgeführt haben. Im Gegensatz zur Erzeugung von Wasser und Sauerstoff ist die Stromerzeugung kein großes Problem. Bisher plante man für die ersten Marsmissionen mit einem kleinen Kernkraftwerk, das zuverlässig und rund um die Uhr Strom liefern könnte. Aufgrund des technischen Fortschritts geht man aber mittlerweile davon aus, dass eine Photovoltaik-Anlage sogar effizienter Strom liefern könnte, zumindest wenn man einen geeigneten Standort ausmacht und ausreichend Batterien vorhält, um die Marsnächte zu überbrücken.

Abb. 4.1 Künstlerische Darstellung einer möglichen Marskolonie aus dem Jahr 2005. Zu erkennen sind im Vordergrund ein Gewächshaus zur Nahrungsmittelversorgung sowie im Hintergrund eine Photovoltaik-Anlage zur Stromerzeugung. Die Gebäude sind zum großen Teil von Marsgestein bedeckt, um die Bewohner zum Beispiel vor kosmischer Strahlung zu schützen. (Bildnachweis: NASA)

Sobald man Strom und Wasser in ausreichender Menge produzieren kann, kann man sich der Nahrungsmittelproduktion zuwenden. Obst und Gemüse kann man in einem Gewächshaus auch hydroponisch, also ohne Erde, in mit Nährstoffen versetztem Wasser kultivieren. Auf der Erde wird diese Technik schon in industriellem Maßstab angewandt. Und sogar auf der Amundsen-Scott-Forschungsstation am Südpol gibt es ein Gewächshaus, in dem im antarktischen Winter frische Erdbeeren geerntet werden können. Des Weiteren wird schon in einem frühen Stadium der Marsbesiedlung ein Fokus auf der Erzeugung von Raketentreibstoff liegen müssen, will man den Mars je wieder verlassen. Später wird man auch an die Erzeugung von Chemikalien bzw. Stoffen für Arzneimittel oder Dünger denken müssen, denn beides wird man früher oder später benötigen.

Für all das benötigt man natürlich eine gewisse Infrastruktur. Baustoffe wie Metalle und Kunststoffe wird man noch lange Zeit von der Erde importieren müssen. Aus dem Marsgestein lassen sich zwar Ziegel herstellen, aber aufgrund der lebensfeindlichen Atmosphäre ist man auf Strukturen angewiesen, die von der Außenwelt abgetrennt sind. Leider werden diese wohl nicht so attraktiv aussehen, wie es sich manche ausmalen (luftig und mit viel Glas), denn um die Strahlenbelastung der künftigen Marsbewohner möglichst weit zu reduzieren müsste man zumindest die Unterkünfte so gut wie möglich abschirmen, etwa mit einer meterdicken Schicht Marsgestein.

Natürlich hat auch der in diesem Buch schon oft zitierte Elon Musk Ideen, wie die ersten Menschen auf dem Mars leben sollen. Seinem Plan nach sollen erst eine ganze Reihe unbemannter Flüge die benötigte Ausrüstung auf den Mars bringen – der erste dieser Flüge mit einer von SpaceX entwickelten wiederverwendbaren Rakete ist für 2024 geplant. Später sollen dann die ersten Astronauten auf dem Mars landen und eine erste, kleine Basis mit der minimal benötigten Infrastruktur aufbauen. Um die Kosten zu minimieren, wird zum Beispiel auch angedacht, die Raumfähren als Wohnquartiere zu benutzen, so dass man nicht erst aufwendige Unterkünfte bauen muss. Auch wenn in Musks ambitioniertem Plan bemannte Marsflüge ab 2026 vorgesehen sind, geht man jedoch allgemein davon aus, dass die Technik vor 2030 noch nicht so weit ist, um eine solche Mission erfolgreich abzuschließen.

4.4   Rückkehr auf die Erde

Die Reise zum Mars ist schon relativ kompliziert. Sie dauert fast ein Jahr und ist mit vielen Risiken belastet. Im Vergleich dazu ist die Rückkehr zur Erde nach einem längeren Marsaufenthalt noch einmal problematischer. Zuerst einmal benötigt man eine Rakete mit genügend Treibstoff, um die Rückreise überhaupt antreten zu können. Zwar benötigt man aufgrund der niedrigeren Gravitation auf dem Mars deutlich weniger Treibstoff, aber dennoch muss man diesen erst einmal von der Erde zum Mars bringen, am ehesten durch eine unbemannte Transportmission im Vorfeld. Auch die Rakete selbst ist ein Problem. Zwar schreitet die Entwicklung wiederverwendbarer Raketen immer weiter voran, aber bisher erfolgten die erneuten Starts nur unter kontrollierten Bedingungen auf der Erde. Ob ein solcher Start auch auf dem Mars möglich ist, muss man erst noch herausfinden. Ein weiteres Problem für die Rückkehr auf die Erde ist, dass Änderungen, die sich auf dem Mars eingestellt haben, sich auf der Erde nur zum Teil rückgängig machen lassen.

Zunächst einmal ist die Strahlenbelastung nicht wirklich umkehrbar. Der menschliche Körper integriert die Dosis über die Jahre der Exposition. Es wird derzeit empfohlen, dass der Mensch eine Lebensdosis von 400 mSv nicht überschreiten sollte. Diese Dosis wird auf dem Mars schon nach weniger als zwei Jahren erreicht (vielleicht wird deshalb in den USA neuerdings eine Berufslebensdosis für Astronauten von 600 mSv empfohlen). Es gibt kein Medikament, dass dem Menschen hilft, einen Strahlenschaden auszuheilen. Allerdings erneuern sich die Zellen des menschlichen Körpers im Laufe des Lebens. Sie haben also quasi eine natürliche Fähigkeit, kleinere Strahlenschäden von sich aus zu reparieren. Welche Zeit dafür anzusetzen ist, ist nicht so leicht zu beziffern. Verschiedene Untersuchungen an Tieren zeigen allerdings, dass sub-letale Dosen durchaus durch körpereigene Mechanismen ausheilen können.

Auch die Veränderungen des menschlichen Körpers aufgrund der geringeren Schwerkraft auf dem Mars lassen sich zumindest bei Kurzaufenthalten durchaus zurückdrehen. Der Astronaut Matthias Maurer, der 2021/2022 ein halbes Jahr auf der ISS verbrachte, sagte zum Beispiel, er hätte zwei bis drei Wochen gebraucht, um nach der Rückkehr auf die Erde wieder normal gehen zu können. Allerdings werden die Effekte bei längeren Marsaufenthalten gravierender sein. Es gab schon viele Versuche mit Tieren unter dem Einfluss von Mikrogravitation, die eine Rückentwicklung der resultierenden Veränderungen problematisch erscheinen lassen. Bei geringer Schwerkraft haben Körperflüssigkeiten die Tendenz, sich im oberen Bereich des Körpers anzusammeln. Das betrifft ganz besonders das Blut mit seiner Rückwirkung auf die Tätigkeit des Herzens. Auch könnten die Blutgefäße im oberen Körperbereich durch die geringere Schwerkraft beeinflusst werden. Die auf dem Mars gegebenen Umstände können auch andere Herzprobleme auslösen, wie unübliche Verteilungen von Blutsauerstoff, Erzeugung von freien Radikalen, oder Bildung von Antikörpern unter Marsbedingungen. Mögliche Veränderungen am Herz-Kreislaufsystem stellen also eine Herausforderung für längere Marsaufenthalte dar.

Bei einer Rückkehr zur Erde könnte versucht werden, durch eine Modifikation des Immunsystems eine Rückbildung der auf dem Mars erworbenen Veränderungen herbeizuführen. Es wird berichtet, dass eine Immun-Modulation helfen könnte, Schäden der Effekte der Raumfahrt zumindest abzumildern. Daneben wird daran geforscht, mittels Nanotechnologie neue Strategien zur Abmilderung der Folgen von Langzeitaufenthalten im Weltraum zu erkunden. In diesem Zusammenhang könnte man auch an präventive therapeutische Alternativen für prospektive Rückkehrer vom Mars denken. Allerdings gibt es bei diesen Überlegungen noch zu viele Unwägbarkeiten, ganz zu schweigen von gesundheitlichen Problemen, welche die Mediziner und Biologen mangels Marserfahrung noch gar nicht betrachten oder überhaupt vorhersehen können. Man muss wohl zugeben, dass Marsrückkehrer nach längerem Marsaufenthalt mit einer ganzen Reihe von Problemen rechnen müssen, die man bisher noch gar nicht bedacht hat. Trotzdem besteht an Interessenten für die ersten bemannten Marsflüge kein Mangel – der Forscherdrang des Menschen überwiegt hier deutlich.

Ausblick

5

„Und ich sah einen neuen Himmel und eine neue Erde;
denn der erste Himmel und die erste Erde verging und das
Meer ist nicht mehr."

Bibel, Offenbarung 21:1

Seit Neil Armstrong im Jahr 1969 seinen „kleinen Schritt" auf dem Mond machte, ist viel geschehen. Unsere Sonden erkunden das ganze Sonnensystem und sind teilweise schon darüber hinaus unterwegs. Von besonderem Interesse ist dabei der Mars, unser nächster Nachbar im Sonnensystem. Der amerikanische Präsident George W. Bush kündigte schon vor 20 Jahren an, dass die Amerikaner „to Mars and beyond" wollen. Eine Reihe von Landern und Rovern ist bereits dort und bereitet uns das dortige Terrain. Ob der Mars jedoch wirklich dauerhaft ein für die Menschheit bewohnbarer Ort werden wird, steht noch in den Sternen. Zwar erfüllt der Mars mit einigem guten Willen die grundlegenden Kriterien der Bewohnbarkeit, aber eine zweite Erde ist er sicher nicht. Auch wenn es natürlich naheliegt, zunächst unseren direkten Nachbarplaneten zu besuchen, müssen wir auf lange Sicht doch sehr wahrscheinlich unseren Blick erweitern. Zum Beispiel auf die übrigen Planeten unseres Sonnensystems. Zwar sind Jupiter, Saturn, Uranus und Neptun unbewohnbare Gasriesen, aber ihre Monde – etwa die Jupitermonde Io, Ganymed, Kallisto und Europa – sollte man nicht vergessen.

Gehen wir über unser Sonnensystem hinaus, stellen wir fest, dass alleine unsere Galaxis, die Milchstraße, aus etwa 200 Mrd. Sternen besteht, mit vermutlich mindestens ebenso vielen Planeten. Schon jetzt haben Astronomen deutlich mehr als 100 Exoplaneten – also Planeten außerhalb unseres Sonnensystems – in den habitablen Zonen um die jeweiligen Sterne entdeckt. Man geht davon aus, dass in einer solchen habitablen Zone Wasser in flüssiger Form vorliegen kann, was natürlich ein gutes Kriterium für die Bewohnbarkeit ist. Ein Problem dieser Exoplaneten

C. Grupen und M. Niechciol, *Der Mars: Unsere neue Heimat?*, essentials, https://doi.org/10.1007/978-3-662-65825-3_5

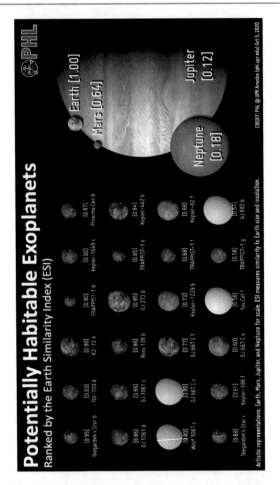

Abb. 5.1 Möglicherweise bewohnbare Exoplaneten. Bei jedem Exoplaneten ist der „Earth Similarity Index (ESI)" angegeben, der zeigt wie ähnlich der Exoplanet der Erde ist, unter Berücksichtigung von zum Beispiel Größe, Dichte oder Oberflächentemperatur. Die Erde hat dabei einen ESI von 1. Der ESI kann natürlich auch für den Mars bestimmt werden: Mit einem ESI von 0,64 ist er auf dieser Skala der erdähnlichste Planet in unserem Sonnensystem. Bildnachweis: The Planetary Habitability Laboratory at UPR Arecibo (phl.upra.edu). Abgedruckt mit freundlicher Genehmigung von Prof. Abel Méndez (UPR Arecibo)

ist natürlich die Entfernung. Der nächste Stern außerhalb unseres Sonnensystems (Proxima Centauri) ist bereits 4,2 Lichtjahre entfernt, das heißt, selbst wenn man sich mit 10 % der Lichtgeschwindigkeit bewegen könnte, also mit 30.000 km pro Sekunde, wäre man 42 Jahre unterwegs. Dennoch könnte der Exoplanet Proxima Centauri b ein guter Kandidat für eine Besiedlung durch den Menschen sein (siehe Abb. 5.1), ähnlich wie die Exoplaneten Gliese 1061 d und Gliese 1061 c, die in etwa 12 Lichtjahren Entfernung den roten Zwergstern Gliese 1061 umkreisen.

In diesem *essential* haben wir ein paar der Herausforderungen skizziert, denen man sich bei einer Reise zum Mars und noch vielmehr bei einer dauerhaften Besiedlung dieses Planeten stellen muss. Solche Herausforderungen sind natürlich bei interstellaren Reisen zu Exoplaneten um ein Vielfaches größer. Wäre ein Mensch allein schon biologisch in der Lage, eine jahrzehntelange Reise zu einem Exoplaneten durchzustehen? Oder müsste sich der Mensch dazu substanziell verändern? Wie sähe überhaupt eine Technik aus, die einen solchen Flug ermöglichen könnte? Wenn wir also an die ferne Zukunft denken, so gibt es noch einiges zu klären, bevor wir den Weltraum jenseits des Sonnensystems erkunden können. Unser nächstes Ziel ist jedoch erst einmal der Mars – und schon hier gibt es noch mehr als genug Raum für visionäre Ideen.

Was Sie aus diesem *essential* mitnehmen können

Mitnehmen können Sie Kenntnisse unter anderem zu den folgenden Themen:

- Was wir bereits über den Mars wissen
- Wie kommen wir zum Mars? Raketengleichung
- Strahlenbelastung auf dem Mars durch kosmische Strahlung
- Gefahren durch solare Ausbrüche
- Biologische Auswirkungen der Mikrogravitation
- Terraforming auf dem Mars
- Rückkehrmöglichkeit zur Erde

© Der/die Autor(en), exklusiv lizenziert an Springer-Verlag GmbH, DE,   47
ein Teil von Springer Nature 2022
C. Grupen und M. Niechciol, *Der Mars: Unsere neue Heimat?*, essentials,
https://doi.org/10.1007/978-3-662-65825-3

Literatur

Weitere spannende Literatur über eine mögliche zukünftige Besiedlung des Mars ist im Folgenden aufgelistet:

- Michael Pauls, Dana Facaros: *The Travellers' Guide to Mars*, The Globe Pequot Press, 1997.
- Leonard David: *Mars: Our Future on the Red Planet*, National Geographic, 2016.
- Giles Sparrow: *Mars: Der rote Planet zum Greifen nah*, Kosmos, 2021.
- Simon Morden: *The Red Planet: A Natural History of Mars*, Elliott & Thompson, 2021.
- Florian Matthias Nebel: *Die Besiedelung des Mars: Aufbruch in die Zukunft*, Motorbuch, 2020.
- Sascha Mamczak, Sebastian Pirling (Herausgeber): *Der Weg zum Mars – Aufbruch in eine neue Welt*, Heyne, 2015.
- Michio Kaku: *Abschied von der Erde: Die Zukunft der Menschheit*, Rowohlt, 2019.

C. Grupen und M. Niechciol, *Der Mars: Unsere neue Heimat?*, essentials, https://doi.org/10.1007/978-3-662-65825-3

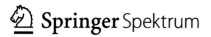

Printed in the United States
by Baker & Taylor Publisher Services